台灣書房

台灣書房

大侵略時代

日帝太陽旗下 脫亞之役

一八九四—一九四五年

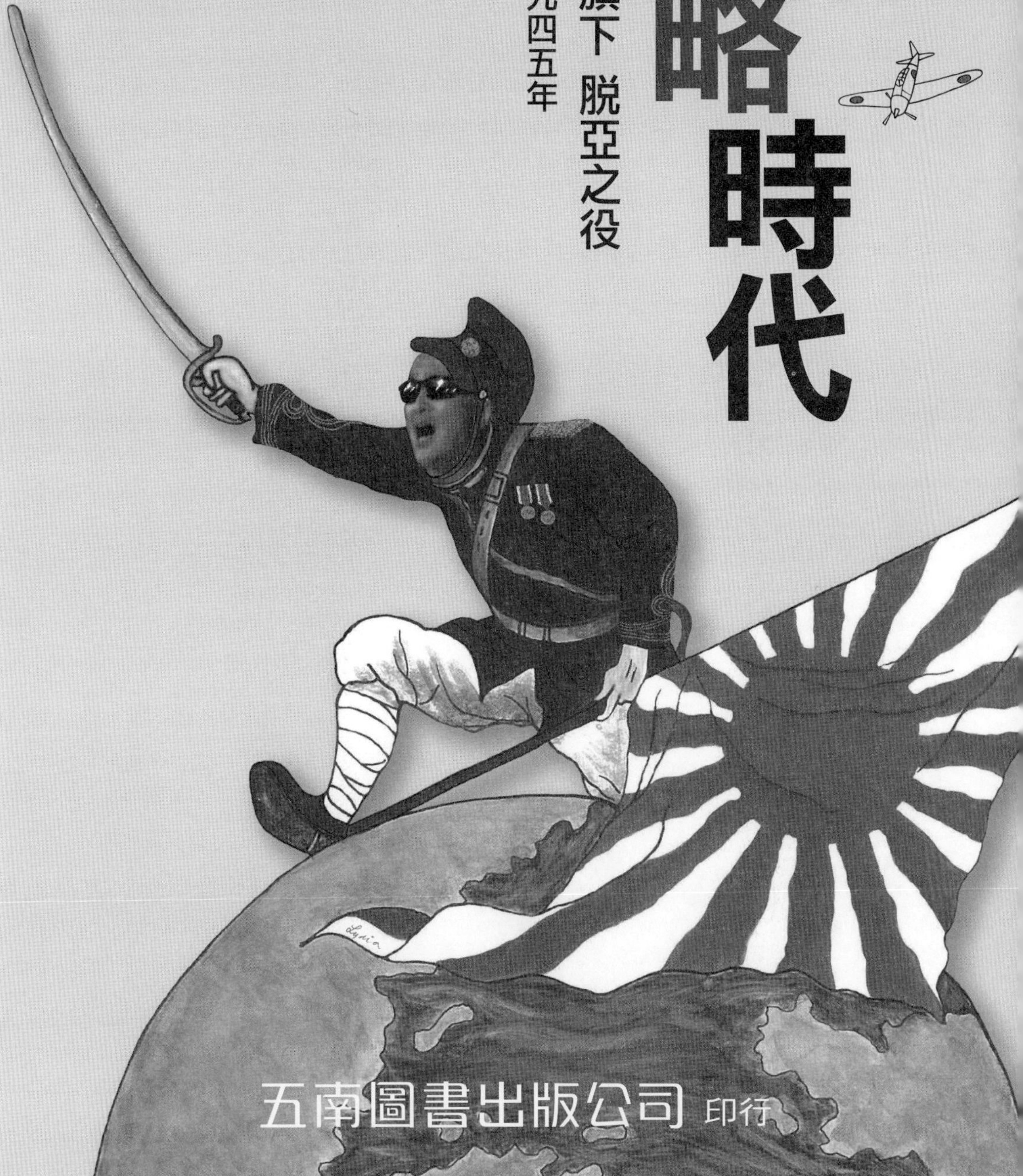

五南圖書出版公司 印行

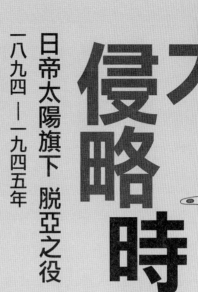

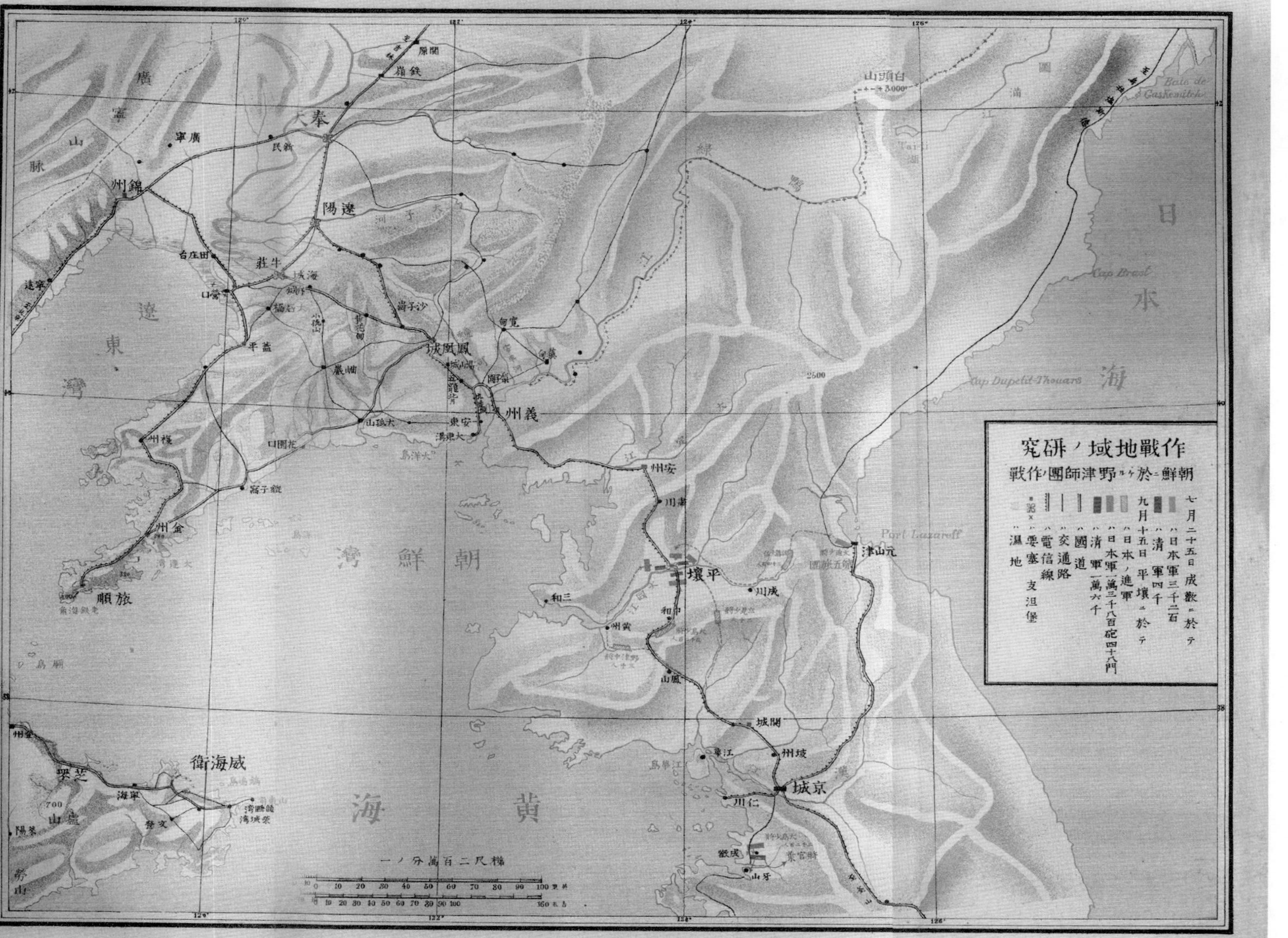
作戰地域ノ研究
朝鮮ニ於ケル野津師團ノ作戰
七月二十五日成歡ニ於テ
〃日本軍三千二百
〃清軍四千
九月十五日平壤ニ於テ
〃日本軍ノ進軍
〃日本軍一萬三千八百砲四十八門
〃清軍一萬六千
〃國道
〃交通路
〃電信線
〃要塞支沮堡
〃温地
縮尺二百萬分ノ一
日本海
朝鮮灣
黄海
遼東灣
奉天
遼陽
錦州
牛莊
營口
蓋平
金州
旅順
鳳凰城
義州
安州
平壤
元山津
京城
仁川
開城
威海衛
芝罘
白頭山
Port Lazareff
Cap Dupetit-Thouars
Cap Bradt

序——《大侵略時代——日帝太陽旗下脫亞之役》

許介鱗——現任國立台灣大學榮譽教授

日本從「明治維新」之後開始準備戰爭體制，進入大侵略時代（The Age of Great Invasions），這是日本近現代史無法否認的事實。東亞甚至太平洋的國家都沒有出兵占領日本，或陰謀侵占日本領土，或以武力威脅強要政治經濟的特權，一切都是日本出兵侵略虛弱的鄰邦。時間從十九世紀末到二十世紀中葉，一九四五年八月十五日，日本遭受兩顆原子彈轟炸而投降爲止。

日本的教科書對於「明治維新」之後日本侵略成功的歷史，依戰勝國史觀，只炫耀日本國內「富國強兵」、「殖產興業」成功的一面，而刻意隱蔽以武力發動戰爭，搶奪「鄰國」財富、「剝削殖民地」，以繁殖富強的軍國主義的黑暗面。在此列舉從「明治維新」到一九四五年敗戰，日本向海外出兵從事戰爭的事實如下：

台灣出兵（一八七四年）、江華島砲擊（一八七五年）、甲申事變（一八八四年）、第一次中日戰爭（一八九四—九五年）、鎮壓義和團（一八九九—一九〇一年）、廈門出兵（一九〇〇年）、日俄戰爭（一九〇四—〇五年）、第一次世界大戰攻略青島（一九一四年）、對華二十一條要求（一九一七年）、西伯利亞出兵（一九一八—二五年）、山東出兵（一九二七—二八年）、九一八事變（一九三一—三三年）、上海事變（一九三二年）第二次中日戰爭（一九三七—一九四五年）、張鼓峰事件（一九三八年）、諾門罕事件（一九三九年）、進駐法屬中南半島北部（一九四〇年）、關東軍特種演習（一九四一年）、進駐法屬中南半島南部（一九四〇年）、太平洋戰爭（一九四一—四五年）等。

關於對殖民地的掠奪，除了台灣、朝鮮半島、中國東北（滿洲國），以及魁儡政權的半殖民地之外，還有東南亞各地的掠奪。日本政府總動員軍人和黑社會敢死隊浪人，情報人員等，硬闖入亞洲十二國搶奪容易換成現金的金塊，結果日本政府累積望外的金塊財寶，以及世界的貴重文化財之後，才迎接八一五「終戰」（日本人不稱「敗戰」，而稱「終戰」）。因此日本局自負地說：投降只是對兩顆原子彈的軍事技術戰敗，在經濟上日本依然是成功的。

日本軍國主義的最後首相鈴木貫太郎，在天皇錄音戰終的詔書時，同時下令將日軍擁有的物資隱藏起來，同時將日本國有關戰爭的一切文書檔案資料，特別是有關天皇的資料，全部燒毀滅跡。於是日本政府不論中央或地方，中庭都擺放著用完的大石油桐，不分晝夜焚燒貴重的資料，以至天空烏煙瘴氣，直到八月三十日盟軍最高司令麥克阿瑟到達日本，尚且焚燒貴重資料紙張的氣味充滿東京的天空。要得到日本的貴重資料眞不容易。日本只有少數特務工作者，把他職業上的有關情報，偷偷地帶走藏在鄉下，等到美軍的情報人員找到他，才提供出來，秘密交易，當美軍情報機構的下屬卒子。

關於侵略事實的紀錄，大別之，有文字與照片二種。文字應該是記實的，但也有被說成憑空捏造的杜撰、空穴來風的訛言、道聽塗說的謠言。譬如日本人對於南京大屠殺被害人數，始終用數子多少爭論，甚至持完全否定的態度。

但是考證歐洲列強的崛起，都與殖民地戰爭有密切的關係。同樣的，日本的崛起，當然也與發動戰爭，掠奪並經營殖民地的成功，脫不了關係。日本的所謂「現代化」過程，是建立在軍國主義的體制上，對內是以「皇民史觀」爲基礎的絕對主義天皇制，對外是向台灣、朝鮮、中國大陸、東南亞各地侵略，剝削殖民地以累積日本的原始資本。但是今日的後進國

（所謂「開發中國家」），對內，不可能以絕對君主體制的方式儲蓄資本，對外，更不可能像日本近代史那樣，發動侵略戰爭，經營殖民地，以進行工業化或資本主義化。故日本崛起成功的例子，很難成爲亞洲各國追隨的模範。

作者編撰《大侵略時代》的最大功勞，在於台灣受殖民地教育長達五十年，全世界最多「哈日」族，朝野充斥「媚日」氛圍和言論的地方，在萬般困難的環境下，到世界各地搜尋影像寫眞，來彌補文字紀錄之不足。當然照片也可以剪接造假，但是現代科技也可以辨別眞假，何況日本軍國主義者，還留下許多怕人看見的「不許可」登載照片。盼望這本書的影像，能修正一些日本軍國主義者灌輸的「哈日」、「媚日」史觀。

目次

序 《大侵略時代》 許介鱗 3
緒論 探索日帝侵略思想之源 緲緲厚 1
第一章 中日歷史情結的戰爭與和平 17
第二章 侵略殖民——台灣 33
1 一八九四年甲午戰爭（乙未實戰記） 34
2 皇民化 66
3 日帝理蕃政策與原住民抗日 96

第三章 烽火凌辱——中國 109
1 滿洲國 110
2 慰安婦 125

第四章 占領統治——庫頁島、琉球、朝鮮、滿洲 141
1 庫頁島 142
2 琉球 153
3 朝鮮 164
4 滿洲 178

第五章 太平洋戰爭的野望 187
1 日軍不允許的祕密照片 188
2 太平洋戰爭 202
3 學生兵 221

第六章　日帝興衰影與畫　235
1　明治、大正、昭和功過　236
2　明治、大正、昭和戰記　247
第七章　日帝軍國主義美展　269
1　大東亞戰美術展　271
2　海軍愛國美術展　280
3　皇國戰爭壁畫　286
4　陸軍聖戰美術展　292
5　愛國戰爭繪畫　297
第八章　戰敗歸鄉　303
後　記　319

跋 《大侵略時代》的故事書 藤井志津枝 323
圖次 327
附錄 日帝侵略戰爭記事年表 339
參考書目 361

緒論——探索日帝侵略思想之源

纐纈厚——國立山口大學副校長、東亞比較文化研究所教授

1　侵略思想和民族歧視意識的形成

全日本的有識之士開始關心以中國、朝鮮為中心的亞洲大陸，可以上溯到江戶時代後期至幕府末期。

日本在甲午戰爭前後展開各種亞洲論，他們未必可以全部歸結為昭和初期侵略亞洲大陸的思想，即它們未必認為亞洲大陸是日本資本主義發展所必不可缺的市場提供地和資源供應地，但由於論述亞洲同時就等於是在論述日本國家和日本民族的未來，故如何確定日本與亞洲的關係這個問題，毫無疑問地必然常常作為人們探究的主要題目。

同時，那些亞洲論基本上是以西歐列強侵略亞洲的歷史事實而展開，並未討論如何對應「侵略」這個沉重的課題，故在各種亞洲論的媒介下，喚起與形成日本侵略大陸思想的內部自發力量。這些力量為以國家權力向外膨脹（膨脹主義）、依靠軍事力量進行領土擴張（侵略主義）、誇耀民族優越性（民族主義）為特徵的日本近代思想做成準備，同時也在日本人中間培育所謂的「帝國意識」。

就某些方面而論，日本的近代化是一邊以侵略思想為基礎，一邊讓這種「帝國意識」固有化的歷史過程。經過日本在亞洲太平洋戰爭中的失敗，人們應該瞭解日本近代化過程中所衍生的「帝國意識」，但現在很難說「帝國意識」已經完全從日本國家與日本人身上剔除。

從今日的狀況而言，現實的情況倒不如說是「帝國意識」正在甦醒並不斷加強。這確確實實包含在支持加入盟國常任理事國的輿論所顯示的大國意識，以及隨軍慰安婦問題所象徵的那些企圖迴避戰爭責任、戰後責任問題的意識當中。

以下開始探討侵略思想及帝國意識的源流，並追溯其形成過程。

2 侵略思想的源流和它的旗手們

要追溯日本侵略亞洲大陸的思想源流，會碰到江戶後期撰寫《三國通覽圖說》（一七八五年）及《海國兵談》（一七九一年）的林子平（一七三八—一七九三年）和撰寫《西域物語》（一七九八年）及《驚世密策》（一七九八年）的本多利明（一七四四—一八二一年），但是，林子平基於對抗俄羅斯推進南下政策的威脅和巨大鄰國（中國）的潛在威脅提出海防論主張，本多利明則是主張貿易立國論，將不限於中國、朝鮮的亞洲全境納入視野。在這點上，兩者是明顯不同的，不過，林子平根據國防的觀點，將朝鮮與華夷和琉球相提並論，且判斷其爲緊要之地，此點的意義絕不可小覷。亦即，林子平恐怕是出於對俄羅斯的威脅，第一個闡述有必要占有朝鮮的人。

本多利明闡述通向經濟自立的道路，志在透過非軍事手段發展日本。他強調利用海洋作爲經濟自立的基礎，在包括東南亞在內的亞洲地區，尋求日本發展的基石。這也可以說是明治初期出現的「南進論」的萌芽。從這點來看，林子平基於軍事主義而提出俄羅斯威脅論和朝鮮領有論，可謂是明治初期到中期展開侵略大陸思想的源流，而利明論述的思想則形成主張以海軍爲中心的「南進論」的出發點。

然而，子平與利明尖銳地指出鎖國的不利之處。若只以重新審視鎖國政策和普及國防思想爲第一目的，它就被當成一種開明思想。就此而言，佐藤信淵（一七六九－一八五〇年）才是眞正後來的天皇制統治原理爲基幹，烙下深刻印跡的那種民族優越主義，然而展開極其鮮明的侵略思想，直接了當地說出潛存於天皇制統治原理的侵略思想的思想家。

亦即，佐藤信淵在《宇內混同密策》（一八二三年）中寫道：「天皇大國作爲大地最初成立之國，乃是世界萬國之根本」認爲日本是世界的中心國家，世界所有的地域都從屬於「天皇大國」＝天皇制國家的日本，唯天皇才是唯一的統治者。佐藤信淵是以這種強烈的自我民族主義爲其思想形成的出發點（參照橋本義三、松本三之介編《近代日本政治思想史》，有斐閣）。

接著，佐藤信淵主張第一個應該從屬於天皇制日本國的地域是中國。信淵認爲「沒有比中國的滿洲更容易奪取」的地區，提議在開始時首要「奪取」中國東北（滿洲地區），佐藤信淵的國家長期戰略是：日本「奪取」中國東北，解除俄羅斯南下的威脅之後，將中國東北做爲增進日本經濟國力的地區，以圖向東南亞「南進」之機。

佐藤信淵認識到，在俄羅斯威脅的這個危機設定中，「奪取」中國與天皇制國家的統治原理是一致的。在這一點上，它提供日本陸軍後來占領滿洲計畫的動機。事實上，從一九二〇年代後半期到一九三〇年初期，在以軍部及右翼爲中心的侵略亞洲大陸行動的策略中，信淵的這種侵略思想被反覆的引用。

3 源自權力鬥爭的朝鮮占有論

在圍繞明治政府內部鬥爭的紛爭中，做爲奪取權利的手段，西鄉隆盛（一八二七—一八七七年）等人於一八七三年（明治六年）提出「征韓論」。他的動機是出於實行以全民皆兵爲核心的徵兵制，造成剝奪士族在軍事方面的壟斷地位，以及明治近代國家在掃除封建制過程中，士族喪失特權階級的危機感，它一面對明治近代化採取抗議的行爲形式，一面企圖透過對韓國的軍事策略，發揮士族制軍隊的有效性。

問題在於，無論「征韓論」的動機如何，日本是企圖透過占有朝鮮半島來調整國內的權力關係，其目標是解除國內的危機。圍繞「征韓論」的權力爭奪，一面在與國內政治問題的關聯中，產生之後日本侵略亞洲大陸的思想，同時又受到國內權力結構變動的制約，一面不斷形成它對未來發展的架構。這是可以預料的。

亦即，以對外威脅論帶來的危機設定，常被使用爲消解國內種種矛盾的有效手段。因此，對方的實質和實際情況未必被當作問題，重要的是從設定危機的一方（即日本人或日本政府）的自我本位，衍生侵略思想的架構和體制。此點從日本侵略思想發生之初就已經充分具備。作爲反應國內權力結構的現象而存在的侵略亞洲大陸思想，其基本架構一面受國內權力結構的變動左右，一面繼續保持對外表現的體制。正因爲如此，侵略思想依靠許多中堅人物以多種型態展現出來。同時，如果侵略思想具有內發性和外發性之別，則日本侵略亞洲大陸的思想，恰巧是由於內發性極具優勢地位所致。因此，危機設定和危機的對象是具有受日本國內政治社會狀況及權力結構變化制約的傾向。

關於這種情況可能造成的局面，即使在客觀危機並不存在的時候，作爲國內各種矛盾的存在及強化權力手段極其有效的方法，即會任意設定危機和威脅的對象。實際上，正因爲日本的侵略思想缺乏可觀的理由，也不帶有依據主觀性的眞實情況，所以它有必要作爲一定的政治力量，實踐充份啓動特殊意識形態的裝置。

爲此，日本也就不得不常常使用各種論調，以增強進行侵略戰爭缺乏的客觀合理性。因此，後來天皇以有利的辯詞爲素材而被利用的事態也就無可避免。

從這樣的觀點來看，「征韓論」是在以恢復士族國內權力爲目的的一種權力鬥爭過程中所衍生出來，並不是根據西歐列強侵略亞洲的危機認識而選擇的行爲，只不過在觸及侵略的事實後，才提到占有朝鮮的問題。

結果，「征韓論」的內容絕不是爲避免西歐列強的外壓，基於防衛朝鮮半島而構築日韓聯盟的架構。正如在西鄉隆盛寫給板垣退助的信件中所述：「翼內亂之心外移，以興國之遠略」（一八七三年八月十七日書信，《大西鄉全集》第二卷，平凡社），只不過是西鄉等人由於內部權力調整失敗所衍生的奪取權力的手段而已。

4 爲了促進近代化的侵略論

作爲對抗明治專制權力概念的理論，從而成立自由民權思想的國權論，要求根據民權對專制政府的權力概念，進行日本的根本改革。因此，我們可以理解，自由民權論者是要形成和明治專制政府間的基本對抗軸，那麼同樣可使其從權力中心疏遠亞洲及封建制，從而解放被強迫接受強權統治的亞洲人民。自由民權思想的國權論的亞洲認識的基本位置在於此。

如山田鶉山（一八五一—一九二八年）在《東洋恢復論》（一八八〇年）及《星亞策》（一八八三年）中指出，爲了能讓亞洲人民從專制權力的壓迫下解放出來，透過亞洲人民間的連帶在亞洲地區擴張民權論是不可或缺的，因此，以朝鮮、中國爲首的亞洲是支援的對象而絕不是侵略的對象。儘管其他民權論者並沒有像鶉山那樣明確的觀點，但其他民權論者的亞洲觀幾乎都是相同，主張要打倒明治政府的專制權力和從亞洲專制權力壓迫下解放人民，這個思想就是民權論的政治目標。

但是，鶉山根據訪問中國（當時的清朝）的體驗，判斷中國即使有來自日本的支援，中國人民也無力依靠自己的力量打倒專制權力。因此，他的結論是：受到那種封建專制權力壓迫下的中國人民，根本不可能再面對西歐列強的侵略時拿起武器。鶉山在《東洋攻略》（一八八六年）中提到，西歐列強的侵略對象早晚要輪到日本，與其分散精力去支持中國，「毋寧是進而取之，成其列強夥伴」，藉由此避免西歐列強的侵略。

在此，我們可以看出自由民權論者鶉山亞洲觀的轉向，其背後大概是因爲看到中國現狀而產生對中國的歧視、藐視觀念，這種觀念或許是源自見到西歐近代化的實際情形而出現。但鶉山並不想深刻理解這樣的事實，西歐列強造成的半殖民化的狀態以及封建專制權力造成資源不平均分配，才是中國政治、經濟混亂的根本原因。只不過是在西歐近代化的對比中，呈現中國尚未近代化的事實。

鶉山思想的深處存在著無可辯駁的侵略思想。他認為，與西歐列強作為資源供給地而經營殖民地相同地，為了日本的近代化，侵略中國、朝鮮並完成西歐式的近代化更為重要。因此，從他的主張中可以確認一個事實：直接與在犧牲亞洲的基礎上獲得日本的近代化，即可以「一國繁榮」的國家利己主義聯繫的侵略思想，依靠日本的近代化理論而形成。

因此，對西歐列強侵略的威脅，即使在觀念上可以存在，但透過更嚴重的犧牲亞洲、掠奪亞洲來完成日本近代國家建設的思想，即做為正當的理論而逐漸固著。在這一點上，做為爭奪權力手段而定位的侵略思想，也包含為了近代化侵略這一內容。也就是說，「為了近代化的侵略」這種思想，不僅存在於民權論者，也開始滲透到統治階層及國民之中。

在侵略亞洲大陸的思想根底，經常盤踞著對中國、朝鮮的藐視和歧視感，連掌握歐洲近代思想，在日本國內名聞遐邇的自由黨左派理論家大井憲太郎（一八四三—一九二二年）亦復如此。

大井憲太郎受到牽連的大阪事件（一八八五年）就是韓國獨立黨要打倒朝鮮封建社會，目標是在朝鮮社會擴大民權。因此，做為獲得人權根本原理的「自由」手段，民權論的擴張是不可或缺的，所以不是將打倒剝奪「自由」機會的專制權力當做一個國家問題，而是根據當做人類普遍課題的認識，策劃對韓國獨立黨的支援行動。

但是，就連因大阪事件而身陷囹圄的憲太郎，在明治憲法公布時因實施大赦而被釋放之後，基於先前所持中國藐視觀的推波助瀾，他也展開侵略朝鮮、中國的思想。亦即，他的認識基本上與鶉山相同，甚至發展到論述：作爲對抗西歐列強侵略的手段，在亞洲大陸尋求霸權，並占有亞洲大陸，是日本應走的道路。在這點上，他的思想可以歸結與鶉山同樣本質的亞洲侵略論。

問題是，不管是鶉山還是憲太郎，雖然開始時主張透過民權思想的擴充來打倒封建專治權力，但結果他們受到對朝鮮、中國不合理的歧視、藐視感情所控制，將其發展爲對西歐列強的對抗和日本近代化的手段，而使侵略亞洲大陸正當化。但這其中的原因到底在哪裡呢？

5　侵略思想轉化的背景

在探討各種亞洲認識轉化爲非合理的侵略思想的原因時，我們可以參考樽井藤吉（一八五〇—一九二二年）的亞洲認識。

在著名的《大東合邦論》（一八九三年）中，樽井藤吉展開明治中期以後具體表現的侵略亞洲大陸的思想和極具對照性的亞洲觀，而此點同時附帶隨時轉化爲侵略思想的實際內容。就朝鮮與日本的關係，樽井藤吉指出：「日本貴和，以爲經國之標。朝鮮重仁，以爲施治之則。

和與物相合之謂，仁乃與物相同之謂。故兩國親密之情原本出自天然，乃不可遏阻。」（竹內好編《現代日本思想大系・亞洲主義》筑摩書房）。

這是從儒學素養中導出的日朝關係論，但裡面存在著遠遠超過兩國文化民族相異性的先天、自然的共同聯繫，認為兩國的相攜連帶類似受西歐意義的近代國家觀念而受束縛的個人交往平等。同時，藤吉還指出：為了兩國的發展，兩國將來「合邦」是最好的道路。出於「欲舉兩國合同之實，必為慎之。蓋因名稱前後地位階級而損彼此感情，以起爭端，古今不無其例」的理由，所以他認為國名要命名為「大東」。

對於認為與朝鮮「合邦」對日本不利的議論，藤吉毫不懈怠的進行如下反駁：即「朝鮮雖然貧弱，其面積有我國一半。其貧乃因制度不善所致。如合同以革其弊，則又可期富矣」。這裡貫穿與侵略朝鮮觀念毫不相干的平等觀念，正如很多日本的亞洲主義者所指出，他在強制實行封建束縛的儒教倫理和道德觀統治下的制度本身中，尋求朝鮮尚未近代化的原因，而絕不是從朝鮮的民族性中去尋找原因，此點相當特別。

接著，在與中國的關係方面，他指出：「觀競爭世界的大勢，適宜亞洲各種友國，可與異種人相互競爭。要合同者，何止日韓。餘望之於朝鮮，不望於清國，並非無故。清國之情，尚有所不許之處。」他認為，清朝與日本的「合邦」為時尚早，「我日韓宜先合，而後合縱清國，以此可禦異種人之侮。」

他提倡的是這樣一個戰略構想。亦即，具有與異族的內部紛爭及對立問題的清朝的國情，現在雖然尚不處於允許日韓「合邦」的那種狀態，但可透過「合縱」這種締結同盟關係的方式強化兩國關係，以此使日本和清國成為亞洲兩大國，形成對抗西歐的主軸。

值得注意的是，藤吉的論述是在甲午戰爭（一八九四—一八九五年）前的一年所提出。如前已經多次地指出，這種觀念終於發展為明治國家最早的對外侵略戰爭，即圍繞朝鮮半島統治權與中國之間發生的甲午戰爭。站在認為質疑甲午戰爭侵略性是不可或缺的立場時，可以理解為什麼藤吉的觀點以甲午戰爭為界而不再受人青睞，亞洲論的基礎從此被聚合成侵略亞洲大陸的思想問題，其思想的內在課題成為檢驗的教材。

6　對歐美帝國主義的對抗思想

這裡應該強調的是，藤吉的「合邦」論以及「合縱」論是作為對抗西歐的近代化路線和西歐資本主義發展階段的帝國主義亞洲政策的思想而展開，結果未必是作為亞洲的專制權力下解放亞洲人民的戰略而建構的思想。藤吉對朝鮮、中國的關係結構，其實內容充其量也只是國家營運的方法論。

基本上，藤吉的論點是：為了對抗西歐列強，將形成同樣性質強大國家當作優先課題。實際上，這項論述是從放棄一切日本人民的各種權利和歸結為社會民主的思想性而進行。正如藤吉的論點所示，其典型正是以國家至上主義為根基的日本國家發展理論，這是大部份亞洲論轉化為侵略亞洲大陸思想的主要原因。

同時，我想指出的是，作爲西歐近代化本質屬性的帝國主義，實際上是利用亞洲專制權力，進一步強化對亞洲民衆的掠奪，而藤吉完全缺乏這一世界史事實的認識。在甲午戰爭後的第二年，應成爲日本課題的方法是達到西歐水準的近代化，所以重點不是與朝鮮的「合邦」，也不是與中國的「合縱」，而是應先打倒亞細亞專制權力而擴大人民的權利，形成以人民爲主的自立國家和社會。

進一步來說，後來的「大東亞共榮圈」思想的根底，即濃烈的包含樽井藤吉的這種對朝鮮、中國以及對亞洲的認識和定位。「大東亞共榮圈」思想基本上是一面展開樽井藤吉的各種理論，一面透過採用作爲其實行方法的「侵略主義」形式，強行實現這種思想。同時，作爲廣泛思想宣傳的「大東亞共榮圈」，在一樣由於強調實現藤吉所述中國、朝鮮與日本自然和必然的「合邦」及「合縱」關係，因此更能獲得日本國民的共識。

內村鑑三（一八六一－一九三〇年）的「義戰論」將甲午戰爭定位成爲代表新舊文明的日本與中國的對立，且認爲日本的新文明超越中國的舊文明，從而將甲午戰爭當作是「文明的義戰」。福澤諭吉（一八三五－一九〇一年）的「脫亞論」則積極闡述文明對外論，展開作爲他們所代表的文明思想問題的亞洲論。此外，後述德富蘇峰的《大日本膨脹論》（一八九四年）、日本大陸政策強力推行者之一的後藤新平（一八五七－一九二九年）的《日本膨脹論》（一九一六年）等，幾乎都包含相同性質的侵略思想。

對文明論的思想的探究結果，只是成爲是膨脹主義正當化的討論，這裡所表露的是強烈的國家主義，除了國家利己主義之外，別無他物。

的確，在今日「大陸問題」的研究史方面，這樣的觀點較占優勢。亦即，強調作為文明思想問題的「亞洲問題」和包含膨脹主義侵略思想實際內容的「大陸問題」的相異性，但又指出這兩項題目以日清、日俄戰爭為契機而走向同質化的過程。透過把握兩者相異性的作業，可以充分理解其追求轉化為經略思想原因的方法和目的。

但作為文明思想問題的亞洲論，結果提供「義戰論」等戰爭觀的思想根據，它經由「東亞共同理論」等歸結成「大東亞共榮圈」思想。根據這樣的歷史事實，我們在此必須反覆強調探究文明論與思想論所發揮作用的問題性。

7　以對中國認識為中心

關於戰前日本侵略亞洲大陸思想的形成期，大多數都認為是自由民權時期之後的明治二十年代，一般對此並無異議。設立民友社發行《國民之友》，闡述平民主義，影響明治新聞媒體極深的德富蘇峰（一八六三—一九五七年），開始巧妙地闡述以甲午戰爭為界的侵略思想。他認為，在西歐近代合理主義的基礎之上，透過形成西歐式公民社會來實現平等主義，但以甲午戰爭為界線，他卻在其後極其露骨的對日本民族膨脹主義大加禮讚。

蘇峰認為，做為潛在的威脅對象有必要戒備中國。他發表於《國民之友》（一八七四年六月號）的著名文章「日本國民的膨脹性」中，強調日本的對外膨脹政策很好，日本膨脹政策最大障礙是中國。他甚至認爲只要和中國的「衝突」不能取勝，日本將來就得不到發展。

蘇峰中國觀的特徵在於，爲使日本膨脹主義及侵略思想正當化，設定中國這個相鄰的大國爲威脅，積極闡述中國的意象，使其成爲日本對外侵略戰爭的絕好素材。蘇峰的中國觀完全缺乏合理性，但他以《國民之友》爲媒介發揮思想影響力，成功地使大多數日本國民認同膨脹主義。

同時，在甲午戰爭以後，蘇峰認爲日韓清三國的「聯合」是對抗西歐列強進攻的最佳措施。當然，日本就任盟主是形成三國「聯合」的前提條件。這裡的聯合論超出純粹形成對抗勢力的意義，包含因應甲午戰爭日本國際地位變化所帶來新的國際緊張關係的措施。它絕不是亞洲各國對等「聯合」抵抗西歐對亞洲的進攻，而只是爲了使日本國際地位屬於「安泰」地位的聯合，大爲曝露其本質是國家利己主義。

在這點上，透過報紙《日本》對應西歐近代化及技術主義，闡述亞洲發揮獨自性而獲的自立性，在與西歐的對比中強調亞洲主義。對於蘇峰那樣廉價的侵略思想，路翔南（一八七五－一九〇七年）雖顯示一定的批判精神，但結果也是一樣。也就是說，路翔南闡述：亞洲的「和平」只能在以日本爲主軸的形式下成立，結果這使得對中國的侵略得以正當化。與德富蘇峰直接說出中國的潛在威脅不同地，路翔南確實沒有將中國納爲日本陣營的威脅對象，他將中國定位成和日本攜手合作的對象，透過日本文化及思想拒絕西歐文化及思想，二者在此點上的差異應予以承認。

但是，即使承認兩者之間存在對中國研究的差異性，但在表示包括朝鮮在內都只能是由日本主導的對象這一亞洲認識上，最終都聚合爲侵略思想的內容。因此，作爲歷史事實的侵略行爲，結果被認識成「妥善引導」朝鮮、中國的行爲。

這點與前述藤吉的論點是同樣性質的，且基本上與後來在《支那觀》中將中國看成是「畸形國」的內田良平（一八七四－一九三七年）、在《支那論》（一九一四年）及《新支那論》（一九二四年）等不停強調中國社會特殊性的內藤湖南（一八六六－一九三四年）等人相比，其對中國的認識也是相同的。

總之，透過以西歐的常識爲根據，將中國看成是極爲異質的國家與社會，亦將中國看成是一個大爲跳脫國際社會的存在概念，從而增強以對中國的歧視、侮辱感爲基礎的中國認識。這種認識同時排除異質事物，使拒絕共生、共存思想的理論，聯繫意識潛在化的情形。透過當代文化人、知識者的反覆強調，在現實政治過程中露骨地表現出對中國的強壓姿態。

第一章

中日歷史情結的戰爭與和平

二〇一五年是中日甲午戰爭馬關條約簽訂一百二十年，日帝戰敗七十週年，每年的六月十七日是日帝殖民統治台灣的始政日，亦可稱爲「國恥日」。

中國和日本自古以來有著競爭與合作的關係，從近代史或古代來看日本帝國主義的興起，可以發現大和民族長期的依賴中國，向中國文化學習，無論是文字、生活、禮節、建築等皆習自中國，中國可說是日本的先師。明治維新的成功，讓日帝挾著西洋帝國主義與資本主義，除了開拓近代日帝的視野，也顯露日本自古以來想對外發展的勃勃野心。

日本因爲處在天寒地凍、資源缺乏的貧瘠島嶼上，沒有受到外國的侵略而極少受到外來文化的影響，也因此造就大和民族表面保守，內心卻充滿冒險與占領的欲望。中日兩國歷經六次的對抗，原因都是爲了朝鮮半島的利益之爭，回顧這段歷史後不難發現，在朝鮮半島所發生的歷史事件或戰爭，大多是由大和民族主動挑起事端，歷史上所記載共發生六次戰役，其間各有勝敗，唯一八七四年的牡丹社事件，兩軍只有對峙並未正面交鋒，因此難以斷定勝負。

關於倭國改稱日本一說，一則在唐朝時期，倭國派使節向唐朝進貢，武則天即尊稱倭國爲「日本國」；另一則爲明成祖朱元璋派使節向足利將軍要求共同打擊海上的倭寇，足利幕府將軍（室町時代一三三八—一五七三年）向明朝稱臣，受封賜名「日本」。奇妙的是，當日本明治維新後，逐漸走進國際殖民列強之列，卻以歧視的語言，稱呼中國爲「支那」，反而中國普遍將倭國稱呼爲日本，直到二次大戰爆發，日帝侵略中國開始，又恢復了倭寇的稱呼。

首戰（唐日戰爭）

中日歷史上的首次戰爭始於西元六六三年，朝鮮半島發生內戰——百濟與新羅之役，當時的日本非常貧窮而仍向唐朝進貢學習中，卻妄自出動水軍干預朝鮮的紛爭，不幸被唐朝海軍所打敗，此爲中日歷史上的首次戰役。

西元六四二年高句麗國王泉蓋蘇文與百濟國聯合攻打新羅，新羅國王遂派遣使節向唐朝求援，不料，唐太宗派遣使臣前往高句麗與百濟的調停失敗。西元六四五年唐太宗御駕親征，高句麗在遼東安市設下重兵嚴防，唐軍攻勢受阻，最後不得不撤兵。西元六六〇年唐高宗，再次出兵百濟，派蘇定方率領十三萬大軍渡海遠征，百濟義慈王奮力抵抗的同時又與高句麗聯合攻打新羅，而唐朝卻與新羅聯軍攻陷泗沘城，開國六一八年的百濟終究無法躲過滅亡的命運。

百濟亡國後，部份將兵仍死守城池，並且派人前往倭國（今日本）向天智天皇求援，迎回在作爲人質的百濟王子。西元六六一年日本決定派兵援助百濟復國，以保倭國在朝鮮半島的影響力。西元六六三年八月唐朝在朝鮮同時開闢兩個戰場，一是北方戰場，唐軍與高句麗軍的對峙，二是南方戰場，唐軍與新羅軍對上日本援軍，唐軍將領劉仁軌、孫仁師、劉仁原領兵與新羅軍水陸並進，朝周留城進軍。當劉仁軌所率領的水軍到達白江口時，正好與日本大將阿倍比羅夫所率領的三萬水軍相遇，唐水軍以一百七十艘戰艦與倭國水軍大戰，據《新唐書》記載，唐與日軍海戰「四戰皆克，焚四百船，海水爲丹」，乃全軍覆沒，在岸上領兵的百濟王見日軍失利，乃逃奔高句麗。九月七日周留城守將投降，百濟復國希望遂告破滅，高句麗也在唐朝與新羅聯軍進攻下滅亡。從此，韓國進入一統時代。

白江口之戰是中、日、韓三國歷史上的第一次戰爭，也是日本與中國的首戰。中國助新羅統一，滅百濟國與高句麗國，也將朝鮮半島納入唐朝勢力範圍，倭國戰敗後暫時退出朝鮮。

第二場戰役（元日戰爭）

緊接著中日二次交戰，歷史上稱之爲「元日戰爭」，是元朝皇帝「忽必烈」結合朝鮮軍分別在西元一二七四年和一二八一年派軍攻打日本所引發的戰爭。日本幸運躲過元朝軍的襲擊，全因「颱風」的亂陣，讓元朝軍隊無法順利征服日本，這一局平分秋色。之後，日本人便稱呼颱風爲「神風」，因爲颱風的威力阻擋了元軍登陸，日本人引以爲傲，甚至成爲二次大戰末期日帝自殺式攻擊的「神風特攻隊」命名的由來。

事件起因於日本不肯臣服於蒙古帝國。忽必烈多次派遣使者赴日本要求其稱臣納貢，但都被日本拒絕。雄霸歐亞的蒙古帝國大汗忽必烈，爲了顯示其權威，萬萬不能容忍日本的輕蔑，決意要控制日本，攻打日本成爲不可避免的一場激戰。

西元一二七四年日本史稱「文永之役」。蒙古遠征軍從朝鮮揚帆出海，統帥爲忽敦，副統帥爲高麗人洪茶丘及漢人劉復亨。當元軍航行至博多灣，首先攻占對馬島和壹歧島，主力部隊在長崎附近登陸。

日本面對第一次「蒙古來襲」，鎌倉幕府調集正規軍迎戰，九州沿海各「藩」也緊急組織動員，戰事慘烈長達二十多天。日本人戰術較爲落後，戰鬥中雖蒙受巨大傷亡，但仍阻止了元軍的推進。日本人漸漸適應了蒙古人的戰術，於是開始反擊，不畏箭如雨下，列陣衝擊敵人，貼身近戰的策略使得蒙古人的弓箭失去優勢。大將劉復亨陣亡，元軍傷亡慘重也無力繼續守住陣地，眼見進展無望，遂撤退回船，在返回朝鮮的路上，蒙古艦隊又遭颱（神）風襲擊，雖然大部份船隻皆安全回國，但仍損失不少。

戰爭結束後，忽必烈認為日本已領教了蒙古人的威力，遂再次派遣使者去日本要求臣服，不料日本將使者斬首示威，忽必烈大怒無法吞忍，在統一中原後便著手準備第二次進攻。蒙古和高句麗軍再次聯合至沿海訓練登陸作戰，遠征軍的食糧補給，製造大小戰艦和登陸船。

日本人偵察元國的動向，做了充足的備戰。此時日本政局穩定，北條時宗鎌倉幕府武將，在九州博多灣一帶徵用民兵，在蒙古軍可能登陸的地區沿海灘構築一道石牆，用以阻礙蒙古騎兵。

西元一二八一年第二次蒙古來襲，元國遠征軍由江浙和朝鮮兩地同時出發。出征的軍容十分壯觀，共有大小船舶近千艘，軍隊約二十萬，其中蒙古人四萬五千，高句麗人五萬多，漢人約十萬，先遣艦隊如日本人所料於五月底抵達博多灣。蒙古人攻占博多灣的幾個島嶼，島上居民遭屠殺，建築物也被破壞焚毀。六月上旬南方艦隊抵達，兩艘龐大艦隊在九州外海會合，元軍開始登陸作戰，卻遇到更頑強的抵抗，日本軍隊以石牆為掩護，不斷擊退元軍的進攻並成功的擊潰高句麗軍的主力，統帥洪茶丘被俘殺，蒙古高級指揮官也相繼陣亡。激烈戰事持續了一個多月，到了七月下旬，元軍依然不能攻破石牆，糧草和箭也已告罄，元軍最後以撤退收場。大軍於八月初撤退時，海上突然刮起猛烈的颱（神）風，強風持續四天，元軍南方船艦被毀，北方艦隊也損失大半，九龍山海灘尚留有近萬士兵，元國遠征軍失去了補給和退路，眼看著回天乏術又無力突破日軍的防線，日本人開始反攻，大部份殘存的元軍被殺害，其餘的兩萬多人成了俘虜。

日本史稱第二次蒙古入侵為「弘安之役」，此次戰役日本人投入的軍隊論質量和數量都遠勝過「文永之役」，蒙古人在戰術上沒有絲毫的優勢，元朝（西元一二七一—一三六八年）統治中國只有短暫的九十七年，而後漢人再次收復了中原，建立了明朝。

第三場戰役（明朝與日本的戰爭）

中日歷史上的第三場戰役（西元一五九二—一五九六年），豐臣秀吉統一了日本，一時之間天下太平，但好戰份子卻蠢蠢欲動，各地諸侯互不相讓，豐臣秀吉並不以統一日本而滿足，為了轉移焦點，野心不輸織田信長，豐臣秀吉將對外擴張的眼光投向明朝與朝鮮，在毫無理由的情況下派了十多萬大兵侵略朝鮮、干預朝鮮內政。明朝再次出兵援救朝鮮，日軍陷入苦戰，無功而返，敗北而逃。一五八二年織田信長亡，統一全國之志未竟，由豐臣秀吉繼之，他被朝廷任命為關白，太政大臣。一五九〇年豐臣秀吉平定九州，日本終告統一。

一五九一年六月豐臣秀吉致書朝鮮國王宣祖，表示將借道朝鮮進攻明朝，朝鮮國王不與理會。一五九二年四月朝鮮之役爆發，日軍大將加藤清正率領十五萬大軍跨海遠征朝鮮，於釜山登陸。由於朝鮮軍備鬆散，日軍順利攻入王都漢城，又占領平壤，朝鮮幾乎全部淪陷，朝鮮王遂向明朝告急求援。日軍迫近鴨綠江，明朝皇帝明神宗決定相助，令兵部侍郎宋應昌為經略，都督李如松為提督，率大軍渡鴨綠江馳援朝鮮，勢如破竹直逼平壤城下，次年一月攻下平壤，日軍敗退，先後再收復朝鮮四個省道。日軍爲求得喘息機會，主動致信亦有求和意願，雙方談判後，日軍於四月十八日撤出朝鮮京城，明朝並命其退回釜山，談判雙方因語言不通，致使明朝誤以爲日本同意和談條件。一五九四年九月明朝與日軍簽訂停戰協議，明朝撤出在朝鮮的部份軍隊，朝鮮之役第一回合暫時停住。

日軍求和的目的實際上在爭取喘息時間，等待豐臣秀吉再度增兵朝鮮。第二回合戰役，明神宗得知談判使者對朝廷隱瞞實情後，令邢玠爲總督，楊鎬爲經略，再度與朝鮮聯軍出兵日本，展開對日作戰。一五九八年江南水兵與增援的明朝軍陸續抵達朝鮮後，戰局明顯有利於聯軍，直到豐臣秀吉病死，日軍眼看勝利無望，聯軍接連獲勝，日軍無意再戰，開始撤離朝鮮，明朝、朝鮮聯軍由海路並進，成爲徹底擊退日軍的關鍵一役，在朝鮮名將李舜臣指揮下，率領明朝海軍將領陳璘、鄧子龍等大敗日軍，日軍狼狽敗逃，歸回日本，豐臣秀吉傾全國之力，未得寸土，且傷亡慘重，直至一八六八年奉還大政明治爲政，結束了耗時七年的朝鮮戰役。歷史上中、日、韓這三場戰役，兩勝一敗，中國明顯擊敗了日本，也埋下雙方的心結。

第四場戰役（排灣族抗日戰爭）

台灣近代史最具爆發力的事件，西元一八七一年八瑤灣事件，引起國際間歐、美、日等帝國主義國家的垂涎，爭相爭奪亞洲重要戰略位置——台灣群島。一八七一年琉球王朝（尚泰二十四年）宮古島民在島主仲宗根玄安率領下，有與人三名、目差二名、筆者十二名、船頭、乘組員、從者等五十一名，合計六十九名。

整個事件最大的爭議點在於一八七一年農曆十一月六日，這群人不幸因船難漂流到台灣南方屏東縣牡丹鄉八瑤灣海域，又因走錯方向，步入現今牡丹鄉高士佛社部落。進入部落後，接受了排灣族原住民的地瓜粥招待，第二天竟因語言不通的誤會發生殺戮事件，在楊友旺與原住民的排解溝通下，成功救助倖存的十二名琉球人，並送往台南府安置，由台灣轉往福州後，從命回琉球國。

日本自古以來取琉球國，爭占朝鮮半島，侵略中國大陸的行徑，其野心霸態顯現無疑。日本明治維新之初，對內主張「征韓論」失敗者，好戰份子之一西鄉隆盛，在可能引發社會對立動蕩甚至內戰危機之據，利用軟弱無能的琉球王尚泰轉移焦點，主張「征台論」化解危機。命令西鄉隆盛之弟西鄉從道，懲罰出兵。一方面利用兄弟情誼，借用薩摩藩兵力削弱西鄉勢力，另一方面平息好戰者可能點燃的內戰，事實利多於弊，再來征韓可能引起更大國際壓力，當時日本國力不足，軍力尚弱，社會、經濟不振，極可能步入豐臣秀吉之後，爭朝鮮之災，因此選擇台灣，牡丹社終將成爲武士刀下的祭品。

戰後一八七九年日本以廢藩置縣併呑琉球國，占領首都首里城，命尚泰王居宿東京皇宮，擁有五百年歷史文化的琉球國淪爲「日本第一個新領土殖民地」。征台之後琉球王表面上風光，卻換來亡國之災。琉球的語言、歷史、文化逐年廢除，並強灌尊皇忠良愛國思想，斷絕與清國的關係，爲日本明治維新下，最重要的童話基地及殖民教育政策實驗所。一八七四年的牡丹社事件成功奪取對琉球王國的統治權，一八七五年，又藉江華島事件敲開了朝鮮的大門。

從一八七一年八瑤灣事件至一八七四年牡丹社事件，其間日本再度獲得出兵國外的機會，侵略台灣牡丹社，引起國際間歐、美、日等國，爭相爭奪台灣群島此重要地理位置，它不僅代表台灣、琉球、清國、日本、朝鮮的重大歷史、外交、領土、主權、民族等的對立大事，亦代表著日本近代朝向軍國主義之帝國大夢及殖民大國發展的企圖，進而影響亞洲各國，導致世界秩序大亂，日本早在江戶末期，外交文書上已自稱爲大日本帝國，由此可知其侵略的野心早已萌芽。此戰役中，迷糊的清朝官員誤判情勢，導致斷送了勝利契機，賠了夫人又折兵，表面上讓日軍嚐盡了轉敗爲勝的果實，並獲得清朝賠款五十萬兩，也讓日本政客饗盡了戰爭美食，但日軍在此戰役中明顯嚐盡了酷熱難耐的苦果，在與台灣原住民的作戰中也付出了慘痛的代價，清朝因誤判情勢，讓此局和局收場。

第五場戰役（甲午戰爭）

十八世紀以來，社會經濟產生重大變化，特別是歐洲資本主義興起的殖民思想，積極採取侵略主張，向世界擴展殖民勢力範圍，並逐漸延伸至亞洲諸國，被殖民地的國家遭破壞，文化遭摧毀，人民生活更加困苦。

日本帝國侵略主義者福澤諭吉，在一八八五年三月十六日《時事新報》上發表了有名的「脫亞論」，他說：日本的國土雖然位於亞洲東邊，可是國民的精神已經擺脫亞洲的陋習，移向西洋文明。不幸的是，鄰近有兩個國家，一個是支那，一個是朝鮮，對待支那、朝鮮的方式不可因是鄰國之故而特別客氣。西洋人怎麼對待他們，我們就怎麼對待他們，與惡鄰親近者免不了會沾上惡名，我們應拒絕亞洲東方的惡鄰。

脫亞論當中提到，第一、征服「支那」中國。第二、占領朝鮮。此兩點最後皆一一實現。藉由琉球人在一八七一年發生的八瑤灣事件後，再於一八七九年併吞琉球國以壯大日本帝國的版圖來看，顯現日本帝國已逐漸的興起。一八七五年日本明治軍利用江華島事件控制朝鮮政經關係；一八八二年又利用對清朝的通商談判進一步干涉朝鮮內政與紛爭，從甲申政變中獲取朝鮮利益。大和民族自豐臣秀吉以來一直對朝鮮半島虎視眈眈，亦可視為日帝的擴張主義，也埋下中日甲午戰爭之果，成為奪取中國滿洲的重要步驟。

一八九四年日本帝國主義改變了整個亞洲以及東北亞朝鮮人的命運。日帝明治政府早就謀定以朝鮮為跳板，進呑東亞、中國及整個亞洲。清光緒二十年（一八九四年）四月朝鮮國各處興起反西洋運動，由農民所組成的東學黨以儒教之精神保護東方傳統文化為由，激起反抗勢力，驅逐地方官吏，逐漸向首都京城方面擴大，朝鮮陷落於猖獗勢力之中，朝鮮政府卻無力以對，因此請求朝廷援助平亂。大清派兵遣將抵達朝鮮首都，由南邊牙山登陸，準備援護動亂，朝鮮政府見日帝大軍入境，意識到事態的嚴重性，希望早日平定，使中日兩國撤兵。六月十日起義軍與朝鮮政府達成了《全州和約》，漢城趨於平靜，清政府建議中日兩國共同撤兵，卻遭到日帝的拒絕。

日帝受到當時歐美列強帝國主義的影響，也想瓜分統治亞洲大陸。早在清朝出兵朝鮮之際，日帝明治政府亦蠢蠢欲動，但實無藉口，於是利用「日韓清浦條約」以保護日僑，敦親睦邦為由，先後派兵抵朝鮮仁川，駐守首都京城外，以強大的現代化軍事武力為後盾，藉東學黨之亂觀察日清情勢。另外，在外交上採取威嚇手段以達到擴充領土的目的，再以軍事武力為盾，欲實現併吞朝鮮之夢想，進而牟取中國大陸利益。七月二十五日，日帝蓄意製造事端，不宣而戰，在黃海豐島海面擊沈中國運兵船「高升號」，同時，日帝陸軍向駐牙山的清兵發動攻擊。光緒二十年八月一日正式爆發戰事，日帝挑起了甲午戰爭，清朝戰敗，最後台灣竟成爲戰敗國下的犧牲品，從此淪爲日帝殖民地長達五十年之久，直到一九四五年八月十五日，日帝戰敗爲止。

第六場戰役（中日戰爭）

西元一九三一年九月十八日，日帝關東軍製造「柳條湖事變」，攻打瀋陽北大營中國駐軍，「九一八事變」爆發，爲控制交通要道，將南滿鐵路柳條溝段鐵橋炸毀，東北三省全部失陷。

日本軍發動九一八事變，又稱瀋陽事變或滿洲事變，完全侵占中國東北，並開始扶持成立滿洲國傀儡政權。之後陸續在華北、上海等地挑起戰爭衝突。

六月十九日，日本陸軍省和參謀本部策劃訂《滿蒙問題解決方策大綱》由關東軍執行軍事行動；六月二十五日，日帝製造「中村上尉事件」；七月一日，日帝警察在萬寶山屠殺中國農民，再製造「萬寶山事件」煽動朝鮮排華運動。

蔣介石親任總司令以安內攘外，傳聞於一九三一年八月十六日，密電張學良，對日軍，不予抵抗，力避衝突。同年十一月七日，在蘇聯共產黨支援下成立中華蘇維埃共和國，主席是毛澤東，主張捍衛工農權益，各民族有獨立自決權，國民政府則採取攘外安內妥協政策，避免衝突擴大。

九一八事變後，中國東北民間組織義勇軍抵抗日軍侵略，國民政府直到一九三三年起才支援東北義勇軍抗日作戰。

一九三二年一月十六日鄭孝胥等在瀋陽舉行滿洲善後大會，籌備日帝傀儡政府「滿洲國」，溥儀爲國王，定號大同，建都長春，日本人任顧問，日帝關東軍軍人擔任要職，干涉並扶植政權。

一九三七年七月七日，日軍在北平附近再挑起「盧溝橋事變」，中日戰爭全面爆發。隨後中國各方政治勢力逐漸達成統一抗日共識，中日雙方均投入大量軍隊。

一九四一年十二月七日，日帝偷襲美國珍珠港，翌日美國對日帝宣戰，日帝發動太平洋戰爭後，國民政府也正式對日帝宣戰，並與美國、英國組成同盟國，共同對抗以日帝、德國和義大利所組成的軸心國。一九四五年五月隨著美軍攻入日帝本土，蘇聯出兵中國東北等戰事的發生，中國軍隊亦開始對日軍發動總攻擊，之後滿洲國、汪精衛等傀儡政權也相繼瓦解。同年八月十五日，日帝昭和天皇裕仁通過廣播發表《終戰詔書》，宣布無條件接受《波茨坦宣言》並向同盟國投降。盟軍統帥麥克阿瑟指示日帝部隊，除中國東北外，中國大陸及台灣、北緯十六度北越南邊境所有日軍必須立即向中國國民政府主席及軍事委員會蔣委員長及其代表投降。同年九月九日向中華民國政府遞交降書，國民政府代表陸軍總司令何應欽上將接受日帝降書，同盟國獲得第二次世界大戰的最終勝利。

戰爭與和平

戰敗的日帝政府由軍武轉經濟，戰前的重工業變成現在的各大財團，一度創造日本經濟奇蹟，自從九十年代以來經濟萎靡，內政情勢不振，埋下日本右翼化的現象，天災地震頻仍，日本優越經濟已成過往。二次世界大戰以前，日帝造艦、造飛機，目前倚靠民生工業與電子業，這部份的競爭力輸給中國與韓國。日本政府大膽調高消費稅，儘管最近日本政府上修消費稅的效益數字，但都僅是帳面數據，對日本的經濟依舊沒有起色，通膨反而更加厲害，老百姓生活的非常苦，於是想藉由外交政策以及軍事工業翻身，消弭其內政不佳的政治危機。

安倍組閣以來，首先將釣魚台國有化，再拉攏台灣親日派遊說以漁業談判開放台灣漁民十二海浬捕魚爲餌，陰謀並進，迫使中華民國坐上談判桌擱置主權，另一方面再對台灣示好，派退休首相或高級官員來台，把中國大陸打造成「破壞區域和平」的角色，再藉由中國與越南、菲律賓之間的爭端，企圖籠絡亞洲鄰國進而結盟。安倍如此積極的想要藉此圍堵中國外，同時也提高日本在國際間的存在意義，對美國重回亞洲的影響，實有其政治效果。爲了有效圍堵中國，日本國內許多民衆恐戰爭再起而反對，但日本衆議院在二〇一五年七月十六日依然通過新安保相關法案，主要內容是擴充自衛隊的權限，解禁「集體自衛權」。若日本盟國遭受武力攻擊時，日本也可出兵使用武力，此違背日本「第九條和平憲法精神」。

二〇一五年二戰終戰七十年前夕，日本新安保條約通過前，從日本首相安倍晉三先對記者否認看過《波茨坦宣言》（日本應無條件投降等）就可看出端倪。

五十年代韓戰爆發；六十年代引爆越戰，當時美軍極需日本作爲後勤補給基地，日本也爲了躲避二次大戰時對中國及亞洲各國的賠償問題，所以在一九五二年與美國簽訂舊金山和約之後，又於一九六〇年一月十九日在華盛頓簽訂美日互助條約，宣誓兩國將會共同維持與發展武力以抵抗攻擊，同時也保障日本領土內免於受到攻擊的保護，還包括美軍駐日的條文，以強化美日關係及雙方進一步的國際合作與經濟合作關係，進一步強化了一九五二年的舊安保條約。

近年來的日本，隨著經濟泡沫化，國力下滑，對於世界政經的影響力日漸式微，新興的中國與韓國對日本造成莫大的壓力，日本不再是亞洲唯一的強國，無論在經濟產業、軍事國防皆面臨國際局勢的挑戰，取而代之的是新勢力的崛起。日本自戰敗之後面臨前所未有的挑戰，無能的日本政客未能有新的格局以帶領日本走出經濟國難。二〇一二年反而以釣魚台、獨島事件挑起新東亞危機，再度喚起新日本帝國主義的納粹思想，隱瞞善良的日本百姓以及戰前為日本帝國主義犧牲性命的在天英靈。

安倍所謂的經濟改革三支箭，只是應用納粹主義在一九三五年崛起原理，以「撕毀凡爾賽合約、重整軍備、建立納粹帝國」的借屍還魂之策，欺騙世人的耳目。

所謂三支箭

第一支箭、不承認《波茨坦宣言》為陽謀。避重就輕迴避對二次大戰罪行的賠償問題，不承認侵略戰爭的行為。一九五二年美日共同簽署《舊金山和約》，取代《波茨坦宣言》中對於日本不利的條文，再以美日安保條約共同防衛自保。此外，更利用琉球基地為餌，行境外作戰陰謀，陷琉球人民於戰爭邊緣的危機，以引誘美國成為他的軍事殖民國，藉以壯大日本。

第二支箭、重整軍備。戰前日本帝國成立以來，屢屢以戰爭挑起民族的對立，竊取亞洲國家領土，殖民統治，發戰爭財，以軍事霸權獲取國家利益。自二次大戰戰敗以來，日本右翼團體時時不忘戰爭的利益，過去造艦、造飛機，殖民統治的心態，仍以過往亞洲強權自居，更以「自衛自存」歪理否認二次戰爭的野蠻行爲及罪行。重整軍備是爲了以國防工業、軍事輸出取代日本岌岌可危的經濟政策，以提升日本自衛隊爲國防軍，修改日本和平憲法成爲軍事大國。

第三支箭、新日本帝國主義。以釣魚台群島、韓國的獨島以及俄羅斯的北方四島爲幌子，拉攏美國霸權攪和東亞局勢；利用美日安保條約以躲在軍事保護傘的背後搖旗吶喊；在東南亞各國方面，以國防外交企圖圍堵來孤立中國，還以十二海浬漁場誘導台灣漁民，企圖讓「中華民國」放棄釣魚台主權，以建立新日帝海洋霸權。

二〇一五年適逢甲午戰爭一百二十週年，是二次大戰結束日本帝國戰敗七十週年大事，人類歷史上重大的紀念日。其影響所及不僅是中國大陸、朝鮮半島，甚至，整個世界之所以風雲變色，受日本帝國主義的影響而擾亂了世界和平，戰後至今仍持續影響著中國、朝鮮兩國。隨著日本帝國的戰敗，舊日帝殘餘政客並未從歷史中得到教訓，利用右翼政團興起挑撥，企圖喚回新日本帝國魂之舉，令人不齒。

本人相信日本大和民族大部份是善良、有情有義的，並非野心勃勃好戰之徒，想侵略他國的野蠻人，而是守法、愛好和平的民族，或許受了極少數政客及利益團體、政治貴族的操控、派閥政治世襲的壟斷，以致人民無法直接選舉內閣總理，此乃情勢所逼吧。台灣、中國、日本、韓國甚至俄羅斯，在新美國利益主義下重返亞洲，或許是新的引爆點，是否就在台灣海峽或朝鮮半島所謂中國的舊海域以及鄂霍次克海的北方四島間再度掀起另一次世界大戰的戰端，不得而知，但人類所追求的眞正和平何時降臨，令人擔憂，這也是深刻反省的時候，隨著二次大戰結束七十週年紀念，無論兩岸或日本、朝鮮半島兩國，都應該「望天下和平而思，立永久典範而做」，認眞探討，尋求眞正的東海和平，這是二十一世紀最重要的大事。

第二章

侵略殖民——台灣

1 一八九四年甲午戰爭（乙未實戰記）

甲午戰爭的失敗是中國的悲哀，也是台灣永遠的痛。自古以來日本即稱中國為「天朝」，從聖德太子赴唐朝求教開始，日本的歷史即深受中國影響，而一場由朝鮮東學黨所引發的事端卻激起了甲午戰爭，成為中國近代最大恥辱，更改變了中日情誼。

清末國勢陵夷，歐美列強以強大軍事武力為後盾牟取中國利益，在外交上採取威嚇手段，擴張對中國領土之瓜分，百姓貧窮、生活困苦，滿清大帝一成不變的政策使國家瀕臨滅亡。

相對於大和民族，明治天皇所提出的維新論採取西化政策，以西洋文明為藍圖、富國強兵、強化財政、軍事現代化、鼓勵放洋學習、革新產業技術，由於改革成功，日帝逐漸趕上歐美列強。清光緒二十年（一八九四年）爆發甲午戰爭，日帝在明治維新下順利脫胎換骨，成為軍事強國。新興的日軍自同治十三年（一八七四年）爭台之役後相隔二十年，再次戰勝清朝，更實現了豐臣秀吉爭明朝、取台灣的夢想與使命。兩國正式開戰，日帝明治天皇親赴廣島大本營作戰，以激勵士氣，日帝聯合艦隊和清朝北洋艦隊在威海衛正面激戰。

甲午戰爭爆發，清朝擁有大量現代化的北洋艦隊，從軍力上比較海陸兩軍人數，清朝確占優勢，但開戰後清兵卻毫無反抗能力。軍令指揮系統紛亂，裝備及編制訓練不夠精良，政治社會體制封建，動員不足造成民兵多於正規軍，是失敗原因之一。

兩國正式宣戰之前，清兵在朝鮮的成歡牙山之役及仁川港外的豐島之役中，海陸兩軍皆敗，開通了日軍侵略中國大陸之途。由日將大山巖所率領的第一、第六師團於十月初組成第二軍，進兵攻打遼東半島，自南岸的花園口登陸，和清兵發生激戰後占領該地，再兵分二路進擊金州及大連，於十一月二十一日攻進中國最重要的軍港——旅順港。

旅順港號稱黃金港，是清朝斥巨資所興建，爲當時最現代化的軍事要塞，爲保護京城之窗，未料僅兩天時間即被日軍摧毀，清兵棄械逃亡，旅順港諸砲台及軍火庫遂落入日人手中，黃金要塞潰不成軍，日軍控制旅順港之後，乘勝追擊，北洋艦隊最後的據點爲位於山東半島的威海衛軍港。

清光緒二十一年（一八九五年）二月十二日，北洋水師提督丁汝昌向日軍聯合艦隊伊東祐亨司令繳械投降，修書請求日軍善待清兵，准許歸鄉，事後丁汝昌服毒殉亡，知恥、知罪，是清朝末年難得忠勇之士，因此博得日軍尊重，最後以軍禮哀悼，以擄獲的軍艦之一「康濟號」，護送丁汝昌遺骸回鄉，令人感嘆。

日帝在明治維新順利展開之後，積極推動軍事現代化，海軍採取英國式教育，大量吸收英式海軍優點，而陸軍初期學習法國模式，在德法戰爭之後改採取德國陸軍教育系統，聘用軍事顧問指導、改良舊式裝備、順利新編七個師團，成功地將日軍軍事教育改制。

戰爭爆發之際主張德式教育，由建軍功臣山縣有朋結合日軍第三、第五師團成立第一軍，九月由東京出發進兵朝鮮，同月十五日攻擊駐守平壤城的清兵，二天之後破城而入，清兵棄守並朝邊界鴨綠江退居防守，並得兵援。不幸的是日軍順利渡河成功，占領遼寧省鴨綠江附近的九連城，再奪取滿洲海城、鞍山、牛莊、營口，清兵損失慘重，遼東半島陷入日軍掌控之中。不久，北洋艦隊隨著殘餘兵員退回旅順港，清朝完全失敗。而野心勃勃的日軍取得威海衛及山東半島治海權後，立刻重組艦隊，由曾經攻台（牡丹社事件）的陸軍比志島大佐率領混合技隊，在伊東司令帶領下，於光緒二十一年（一八九五年）三月十五日由九州佐世保軍港出發，九天後（二十三日）到達澎湖，展開攻擊掠奪，並占領媽宮城及澎湖群島。清朝官兵無力相抗，紛紛臨陣潛逃，澎湖因此變天成爲日軍爾後攻台之大本營。

據日軍記錄，自甲午戰爭開戰以來，日軍總計爲七個師團，動員兵力達二十萬人。海軍軍艦二十八艘，水雷艇四艘，總計約五萬七千噸。而清朝陸軍含步兵砲兵騎兵達三十萬人，開戰後再重新編制部隊約六十萬人之多，海軍巨艦二艘，其他軍艦總共二十五艘，總噸數超過日軍，清軍指揮不當拱手讓日軍取得甲午戰爭主控權。日帝臣子主戰派福澤諭吉更要求繼續揮兵占領北京首都，反對談判。最後清朝不得不求列強諸國居中協調，簽下中國近代最大之恥馬關條約，賣台以求和。

台灣和澎湖群島成爲日軍戰利品。爾後台灣島民在抗日情緒下獨立建國，繼（一八六九年）蝦夷民主共和國，成爲亞洲第二個（一八九五年）台灣民主國，正式對日抗戰。日軍同年五月二十九日決定奪取台灣，自台北縣貢寮鄉鹽寮登陸，島民不分種族、地域、男女老少，共同奮力大戰侵略者，護土愛鄉、犧牲奉獻、血淚斑斑。在日軍強大軍事支配下，義勇百姓犧牲者，被掛上叛亂、土匪等罪名；民族英雄、愛鄉志士則統稱草賊，雙方攻防之中死傷慘重，遠遠超出中國戰場之激烈，島民頑強抵抗，奮戰不懈，到一九一五年的西來庵武力抗日事件結束，竟長達二十年之久，令人尊敬。而日帝禁衛軍團團長北白川宮能久親王雖然擁有現代化武裝，終不敵島民反日勇猛決心，傳說最後被抗日義民軍所殺害，一八九五年十一月五日死於台南。

數百年來，漢人橫越黑水溝和台灣原住民生死與共，逐漸成爲命運共同體。二〇一五年逢甲午戰爭後日帝戰敗七十年紀念，回顧五十年間的殖民政策，先民犧牲奮鬥過程中，接受種種不平等待遇及歧視。日軍初期採取軟硬兼施策略有效的控制島民，自古即有「三年一小反、五年一大亂」的習性，之後日帝大舉進行皇民化運動，企圖將島民徹底改造與消滅。當時台灣島民良知人士喚起保台意識，成立文化協會，以筆墨爲武器延續先民抗日的精神。

台灣慘痛的歷史，透過百年前日軍隨軍記者所記錄的珍貴影像以及軍國主義下從軍畫家的戰爭畫帖，讓我們有幸再次回溯歷史記憶。影像發明讓人類能夠記錄萬物，是一項偉大的貢獻。一張珍貴的歷史影像或能隱隱傳達文字所無法書寫的背後故事，文字可以編改，而影像呈現的事實與價值更是可貴的眞理，它豐富地表達人間百態及人性行爲，經由歷史影像的考證，驗證人類歷史文化的淵源及脈絡發展，透過百年來古今歷史現場實景的交互對照，對於史實和人文社會變遷的記錄，或可提供進一步的瞭解，在喚起記憶的同時，也提供人們反省的機會。

台灣四百年來，無數先人犧牲奮鬥所換來的光芒與榮耀，在台灣面臨新的旅程之際，應如何看待？就如戴國煇教授對我說過的一句話；「對於過往的日帝不必媚日，也不必過分仇日，做一位知日派的台灣人。」此語發人省思，從過去到未來，愈加顯現出台灣的重要性。

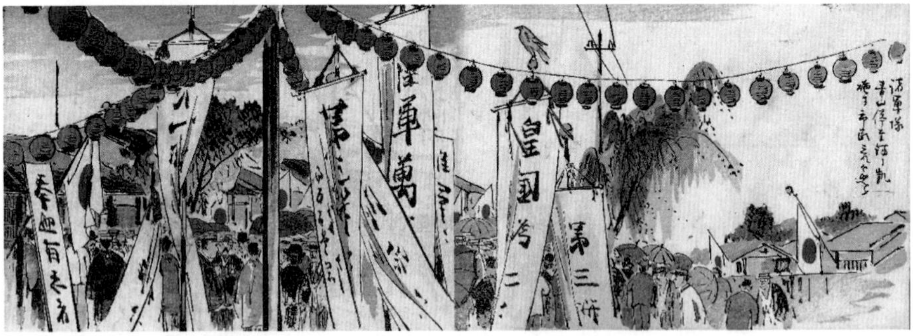

日帝慶祝皇軍凱旋歸國

1895年，日帝在中國控制了遼東半島與山東半島，在甲午戰爭大獲全勝，日帝在東京青山停車場前，大舉慶祝皇軍的凱旋歸國之際，卻又積極準備另一場南下攻取台灣的出兵作戰事。

圖中描寫日帝張燈結綵、萬旗飄揚的迎接皇軍凱旋歸國。

日軍於鹽寮觀察地形

1895年5月29日，日帝於台灣的北海岸觀察地形，本想從淡水登陸，但有砲台防守，因而放棄，30日，改在鹽寮附近登陸，日帝近衛師團上岸後，進兵三貂嶺，6月2日，基隆提督張兆連會同獅球嶺胡連勝迎戰，不幸敗北。

圖中為日軍在鹽寮附近觀察地形等待時機。

日軍登陸台灣東北角

1895年中日甲午戰爭，日帝動用武力強行占領台灣。5月29日，日帝北白川能久親王所率領之日軍，從台灣東北角鹽寮海灘登陸的情形。
圖中描寫日軍登陸的情況。

台灣民主國反抗日軍行動

1895年4月17日簽訂馬關條約，清廷割讓台灣、澎湖成為日帝殖民地；5月23日，台灣有識之士反對割讓活動，宣布成立「台灣民主國」。5月29日，日軍從台灣東北角的鹽寮海灘登陸，台灣民主國軍隊在瑞芳一帶迎戰，和日軍展開一場激戰，直至牡丹溪附近始遭到民兵之反抗。

圖中描寫日軍受到民主國的反抗行動。

日軍於基隆港作戰

基隆（雞籠）港是固守台灣的北疆之所要，台北防守之門，古詩中「天然鑰鎖阨東瀛，三百年來局幾」，描述先人橫越黑水溝，來到台灣開墾。基隆乃是兵家必爭之地，自鐵路開通以來，取代淡水港成為台灣第一大港。1881年法軍企圖攻戰基隆，當時的二沙灣砲台，擊退法軍建功，在門額題為海門天險。

圖中描寫日軍在基隆港作戰，受到台灣民主國相當強烈的反抗情形。

日帝基隆臨時總督府

1895年日軍在瑞芳首次受到民主國的反抗之後，一路揮軍北上，沿著貢寮附近的牡丹溪，從基隆港獅球嶺的大後方越過攻打基隆，6月2日，基隆提督張兆連及獅球嶺統領胡連勝聯合迎戰日軍，日帝初嚐敗北，損失慘重，歷經數日，台灣民主國部隊不敵日軍的現代化武器，因此失敗。日帝攻占獅球嶺以後，竟在獅球嶺平安宮廟前大舉屠殺台灣民主國軍隊及百姓，是日帝占領台灣作戰當中，首場的大屠殺。

圖中是日帝的臨時總督府，原為基隆港的清朝衙門兵舍，後成為日帝北白川近衛師團長的指揮總部。

社寮島

今和平島為明末福州人移民居住，名為福州厝，後又稱社寮島。明朝天啓6年（1626年）荷蘭人占據台灣後2年，西班牙人入侵菲律賓後，總督泰波拉（Tabara）以保護中國呂宋間貿易為名，企圖占領台灣北部。自呂宋北端阿巴利港，沿台灣東海岸前進，3日後抵達東北角，築城堡「聖薩爾瓦多城」（San Salvador）於此島上，為今番字洞。

圖中為日軍占領基隆港社寮島要塞。

日軍渡東港河口

清同治年間，福建船政大臣沈葆楨來此，請外人建置東港砲台，但未曾發揮功能。日軍第二師團第三旅團及第四聯隊增援軍占領東港，在海軍的掩護下展開侵略，而受屏東縣六堆客家人的抗日游擊隊頑強抵抗，雙方後經談判終結戰爭。
圖中為北白川戰亡後，日帝從國內增兵登陸東港河口。

日軍野砲戰隊攻擊曾文溪

從台北至彰化，清朝的正規軍隊很少，多為抗日游擊隊。當時日軍第二士團野戰砲隊於台南郊外的曾文溪遇上劉永福的黑旗軍，日軍動用野戰砲隊及Arm Strong大砲攻擊，黑旗軍敗走民主國大將（前清國務督辦）劉永福溜之大吉，拋棄子弟兵。

圖中為日軍山口少將，順利進駐台南府城占領古都。

黑旗兵戰死

今台南縣鹽水鎮（原名鹽水港）當時劉永福的黑旗兵與日軍正面迎戰，不幸慘敗，屍體橫布，情況悲慘，但其英勇抗日精神，令後人景仰不已。

日軍侵台戰役中嚐到台灣人民勇猛抵抗，日軍死傷大於中國戰場，不得不另定南進作戰計畫，施以三面圍攻方式。

圖中為黑騎兵戰敗，台灣南北都歸日軍控制，但各地的抗日游擊隊仍然活動，日方大傷腦筋。

混合支隊登陸基隆港停車場

清光緒20年（1894年）基隆到新竹的鐵路正式通車，成為台灣交通重鎮。光緒21年（1895年）日軍占領當時基隆港停車場，後改建為英式紅磚外觀的基隆火車站。

圖中的日軍正在運輸軍火。

基隆港左岸

明代傳說自福州鼓山可聽見基隆山的雞鳴，也可自基隆山上聽見福州的雞叫聲。
雞籠之地名，由台灣巡撫劉銘傳改為基隆。
基隆港三面環山，地形陡峭險惡，天氣陰寒多雨。基隆港為天然之良港，由東至西為田寮港，自西而東是蚵殼港，由南而北稱石硬港，而牛稠是由西北至東南，俗稱四大港門，形成一體。日帝時代為日帝台灣間航路，所謂內台聯絡船的終點，更是全台首要的軍事基地。
圖中為基隆港西岸碼頭。

獅球嶺兵營

清光緒21年（1895年）5月30日，日帝近衛師團上岸後進兵三貂嶺，6月2日基隆提督張兆連，會同獅球嶺統領胡連勝迎戰。日軍敗北，損失慘重，惱羞成怒於獅球嶺土地廟口，大肆屠殺基隆人民。

圖中為獅球嶺兵營，為現今的中山高基隆入口處。

基隆港稅關官舍

雞籠（今基隆）是兵家必爭之地，自鐵路開通取代淡水港，成為台灣的第一大港。清光緒7年（1881年）法軍企圖攻占雞籠，當時二沙灣砲台擊潰敵軍建功，門額題為海門天險。日軍攻取雞籠後，將西班牙式的海關衙門，充當臨時台灣總督府，發布軍令。

圖中部份建築物已不存在，國民政府來台後，建三層水泥樓房，又稱復興館。現為海關單身宿舍，圖背後山景為二沙砲台。

淡水滬尾砲台

淡水的滬尾砲台位於紅毛城西半公里處，清光緒10年（1884年）該砲台毀於中法戰爭。而於光緒12年（1886年）由劉銘傳重建以防禦淡水口。此砲台為英式砲台，英式砲台多為正方形和長方形，有別於法式砲台的多角形狀，如台南的億載金城，日帝北海道的五稜廓（呈星型）。

淡水滬尾市景

淡水河口景色。左為觀音山，右上為八里，而下方為淡水，自古為原住民凱達格蘭族居住地。當時居民分布以南北兩山為劃分，北山多為洋人居住，故教會學校、海關、總稅務司林立；南山則為傳統本島市街。

淡水巡捕

昔日巡捕即為今日的警察，主要任務為維持治安。當時台籍巡捕升遷不易，最高職位僅巡察捕（即助理巡捕）。

圖中背景為淡水河岸，日軍占台後積極整頓秩序，訓練本島壯丁共同協助維持治安。

淡水港

淡水港是古老商港，人文景觀首屈一指，是北台灣文化重鎮。

淡水河上方為觀音山尾部。為日人所稱「淡水富士」（如南投「富士溫泉」），皆因當時日人思鄉心切，故以此稱之。

觀音山原名為「八里坌山」，清乾隆年間於此建淩雲寺，供奉觀音佛祖，故又稱觀音山。

圖中為從淡水遙望觀音山。

淡水河畔旁的大稻埕

清咸豐10年（1860年）大稻埕開通商口岸，岸邊洋行林立，附近也是領事館設立的地帶。

圖中的左前方為台北橋，右下方的石階為台灣砂岩所製成。

總督府創立開廳

日軍於1895年5月占有台北，同年6月17日立即於布政使司衙門成立台灣總督府，謂為台灣始政開廳日，正式宣告日帝對台灣殖民統治的開始。（國恥日）圖中為當時創立開廳的景象。

總督府庭園

日帝軍官攝於台灣總督府後花園內。花園中的欄杆部份，以綠釉空心花磚裝飾，與中國南方建築大異其趣，屬於所謂的番邊文化。當時廈門、漳州、泉州稱南洋為「番邊」。

圖中正中央為日帝北白川能久親王，右邊為台灣首任總督樺山資紀。

台北城外日軍

台北城郊外竹林甚多，日帝時代曾經要求人民將竹林砍掉，表面上的理由是怕竹林內有蚊子，因而傳染瘧疾，實際的理由卻是怕人民以竹子製成武器而「揭竿起義」。

圖中日軍部隊集結於台北城北門外不遠之地。

新竹兵戰司令部

新竹市街日軍臨時兵戰司令部，日軍對島民訓話。背景為一寺廟，其中靠柱站立者為在台記者赫姆斯，其左方為日語翻譯檻村。純樸的人民戴斗笠、著簑衣，應為雨後情景。

圖中較小的為福建式斗笠，較大而尖的為廣東式斗笠。

新竹停車場

清光緒17年（1891年），劉銘傳建基隆至新竹段鐵路。當時火車站為「票房」，日治以後始將舊式的基隆、新竹等站改建為現在的英式火車站。

圖中為新竹火車站日軍司令部前，高掛日丸旗，三步一哨、五步一崗，氣氛緊張。

松島艦新舊司令官交接

在日軍大將比志島義輝率領下侵略澎湖，以現代化軍事火力奪取澎湖群島。當時日帝軍官流行八字鬍，明治初期海軍制服著深色系，夏季更換白色褲子，日軍占領後，於清光緒21年（1895年）5月13日舉行新舊司令官交接。

佐世保歡迎會

佐世保，位於九州長崎縣。日軍臨時搭建布幕，舉行盛大的佐世保歡迎會，歡送將要遠征侵台的日軍，以炫耀軍威。

混合支隊運送船停泊佐世保港

日帝海軍擁有三大海港，橫須賀、吳、佐世保港及其他重要海港。圖中是位於九州的佐世保軍港。日軍取得甲午戰役勝利之後，欲積極掌控南方制海權而侵略台灣島。於清光緒21年3月5日（1895年）集結侵台軍艦待命攻台。

攻台日艦於佐世保港出發前景像

清光緒21年（1895年）當中國戰場結束前，日帝積極策劃發動攻台準備。同年3月15日，日軍結合侵略中國將校，在廣島作戰大本營編制組織混合支隊與連合艦隊，於九州佐世保軍港起錨開往台灣海峽。

2 皇民化

日帝統治台灣五十年，對於台灣統治過程的功與過，大家各有評斷，但大和民族統治台灣的過程當中，除了武力統治之外，對於台灣百姓不分族群，在教育與文化層面上，確實用盡了心機，企圖改造台灣人的民間信仰以及固有思維。日帝初期的技術官僚八田與一、鹿野忠雄、鳥居龍藏、伊能嘉矩等，對於台灣歷史文化、土地開發、工程建設有所幫助，但其本質都在執行日本帝國的利益主義殖民台灣。

日帝統治的初期，除了積極控制島民的語言教育之外，台灣首任軍人總督樺山資紀，對於台灣山林的開發以及過去曾經參與牡丹社事件的經驗，率先頒布了對台灣原住民「理蕃政策實施方法」。

到了第四代總督，兒玉源太郎為首的後藤新平殖民體制，對平地人以保甲制度採連坐法控制，對於原住民實施更殘酷的「匪徒鎮定與理蕃事業及蕃地蕃主調查事業」，展開極權不仁道的殺戮，犯下了不可原諒的滔天大罪。

台灣平地人自一八九五年乙未抗戰到一九一五年噍吧哖事件結束，達二十年的長期抗戰，而台灣原住民霧社事件抗日作戰失敗以後，直到一九三三年大分事件雙方和解後，日帝殖民政府才逐漸的平息了台灣人的反抗運動，這是台灣各不同族群的民族偉大抗日的情操。

二次大戰的末期，日帝發動太平洋戰爭，一開始節節勝利，但在一九四二年中途島海戰之後，日帝就已經呈現出戰敗的跡象。因此，一九四一年長谷川清總督實施一連串的皇民化教育，動之以情，以陰柔的手法、愛國教育的愚忠宣導，欺騙台灣原住民的眞性情，開始對台灣原住民徵兵、成立高砂義勇軍，爲日帝大東亞戰爭的暴行犧牲性命，完全顯露出帝國主義眞正的目的。

第一期台灣陸軍志願兵

1931年滿洲事變之後，日軍全面侵略中國東北，並成立滿洲國，企圖竊據中國領土，此時日帝深怕台灣人的情緒反應或有反抗之舉，便加強皇民化以及愛國教育，1941年6月20日日帝內閣會議決定對台灣實施「陸軍特別志願兵制度」及志願兵令，在1942年2月28日及4月1日發布實施。

圖中為第一期台灣陸軍志願兵，訓練6個月後送往戰場。

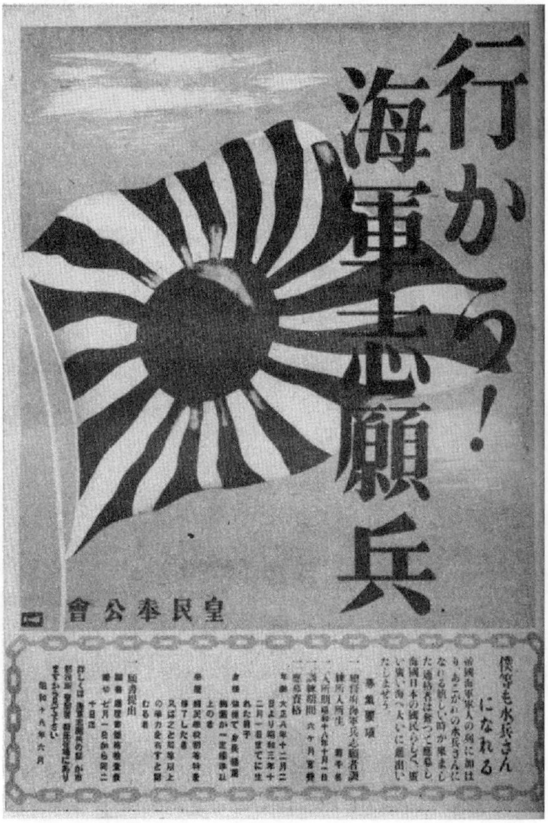

日帝對台海軍志願兵徵兵海報

1943年海軍對台灣人民實施志願兵制，透過皇民奉公會大肆為日本帝國宣傳。
圖中為日帝對台徵海軍志願兵海報，太陽軍旗高掛對人民激勵喊話：來吧！（如送死帖）

高雄海軍志願兵訓練營

台灣海軍特別志願兵制度，於1943年5月11日帝國內閣會議通過，7月1日會同朝鮮總督府共同實施。在日帝的宣傳之下，對於太平洋戰爭，台灣島民意志高昂，為皇軍奮戰在所不辭，內台合一，呈現出一種前所未有的團結，在訓練當中所募集的士兵血書，熱烈迎接下一個聖戰。

圖中為在高雄新設的海軍志願兵訓練營，新兵乘坐軍用卡車入營。

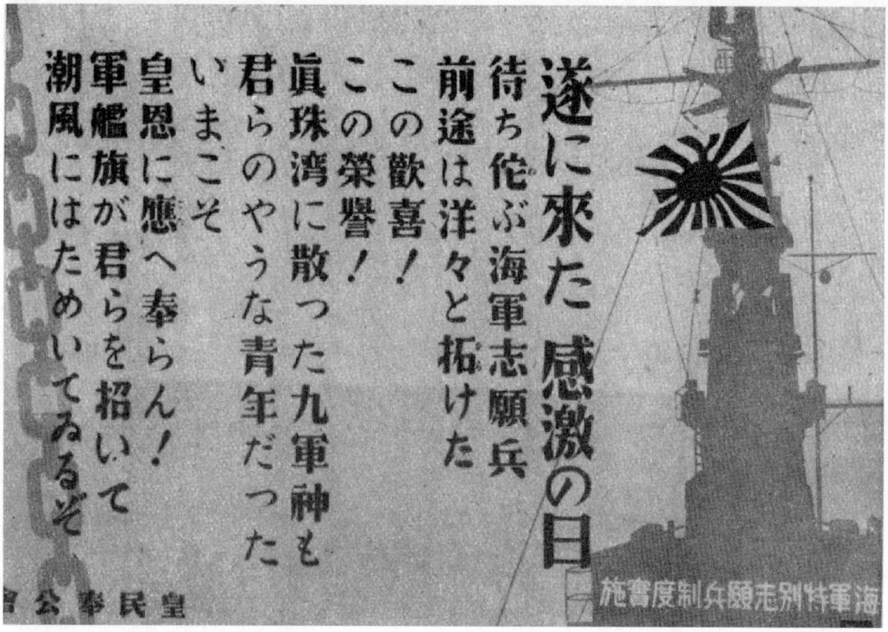

海軍特別志願兵愛國海報

由台灣皇民奉公會所製作的海軍特別志願兵愛國海報。

圖中寫著：「終於來了，感動的日子，我們期待著，海軍志願兵，歡喜、榮譽，承襲著偷襲珍珠港第九軍的精神，為皇恩犧牲奉獻！在軍旗下，朝向自己遠大的目標。

皇民化訓練營歡迎會

1943年日帝在太平洋戰爭戰情不樂觀，在南洋諸島部分已經被美軍占領，除了在台徵召陸海軍特別志願兵以外，在高雄特別設立了皇民化練成訓練所接受戰士般的特種訓練，大多數為學生，為帝國效命，隨時有被徵召的可能，也是為1945年在台所實施的徵兵令所一起準備。1943年9月23日，台灣軍司令部、高雄警備府與台灣總督府共同發表聲明，將自1945年起正式在台施行徵兵制度。在該制度正式實施前，日帝又在台灣多次募兵，前後共招募了約4,200名陸軍志願兵與1,800名高砂義勇兵以及11,000名海軍志願兵，合計約17,000名。

圖中為皇民化訓練營歡迎會，樂隊沿途吹奏軍歌，場面光輝榮耀，其背後隱藏的則是軍國主義的死亡陷阱。

皇民煉成

台灣總督府於1940年，紀元2600年紀念行事，特別增設了為「皇民煉成」召集了年輕人，在部隊的營舍當中實行社會教育達兩三個月之久，以勤勞奉獻的日本精神、身心磨練達強身之魄，為日本皇國皇民運動所進行的一項紀念儀式。實施以來到戰末結束，在台北、高雄、台中、花蓮、台東訓練所入營者達10,000多人，效果顯著。

圖中為台灣青年在皇民化教育下被強迫從事一種社會教育，甚至義務為軍事設施勞動。

台南州國民道場

太平洋戰爭爆發以後，日帝台灣殖民政府除了加強農業生產、農地灌溉之外，對於學生的愛國教育，皇民化的練成，從不鬆懈，在全台所施行的煉成道場，對於台灣人的鍛鍊，皇民化的鼓勵，不分男女老少加強宣導。

圖中為台南州國民道場，人民勞動工作的場景。

皇民劇愛國劇場

戰爭爆發的末期，日帝在戰場上呈現出疲憊不前，因此在台灣各地實施皇民愛國，如女子挺身隊，以愛國劇場皇民劇加強對台灣人民的思想控制，為皇軍盡忠。戰時有強制的規定，對於電影、文化、新聞加強管制，導演、技師、演員一律採登錄制度，必須先審合格才能上演，在「國民精神總動員委員會」指導下，營業時間縮短，學生禁止留長髮，女生不得燙頭髮，一律樸素不得化妝。

圖中為當時劇場所設立的海報，加強人民思想教育。

孩童模擬身赴戰場

1931年滿洲事件以後，日帝台灣殖民政府對於台民有部分的利誘，在小學教育上採取共學制，將公學校與小學校一律改為國民學校，實施義務教育，因此在加強日語教育上採取更嚴格、嚴厲的手段。愛國教育當道，在皇民化的急迫性之下，台灣的社會進入了戰時的緊張氛圍。

圖中是小孩在愛國教育感染之下，天真可愛的小朋友戴著皇帽、舉著日旗，一起模擬身赴戰場殺戮的畫面。

日帝警察練習所

日帝殖民台灣，除了軍人以武力鎮壓台民的反抗運動，在民間大量從日帝送來當時德川幕府下台的低階武士，其部分所謂流氓的浪人，經過短期的訓練送至台灣，部分被分配到偏遠的山區，在原住民的部落透過當時的理蕃政策，瘋狂展開對台灣原住民無情的殺害、掠奪並性侵婦女，更種下了1930年霧社事件的主因之一。經警察沿革誌記載，當時台灣人15名配一位警察，在台灣的日帝警察可以攜帶彈藥，有必要隨時可以動用武器，並接受軍事訓練，權利遠遠優於在日帝內地的警察，台灣殖民地可以說是警察的王國，嚴控台灣不分族群。

圖中是日帝警察在警察練習所打靶舉槍的畫面。

日帝軍歌唱遊

日帝1895年殖民台灣以來，除了透過武力鎮壓以外，台灣首任學務部部長伊澤修二，在任期間曾留下一句名言：「台灣乃是我數千勇士拋顱灑血，方換得其歸順之地，欲使島民由衷歸順日帝，不再是武力所及，而應由教育人士殫精竭慮、糜軀碎首，才能顯現成效」，伊澤是在台提倡同化政策的第一人，在1896年以後，制定了師範教育，並導入體育、音樂及美術等教育，以同化教育企圖改變台灣人的文化思想。

圖中為日帝老師彈著風琴在操場上對師範學校的學生唱遊日帝愛國軍歌，彷彿是中國大陸文革時期的紅衛兵教唱。

吉野村

日帝國內耕作面積不足，加上天災天寒地凍，糧食不易種植，一年稻米的收割只到一季，明治維新以來對外侵略戰爭，占領他國，支配殖民百姓，最重要的目的，除了開拓自己的國土以外，再奪取殖民地的資源，在1918年日帝糧食危機以及1923年東京大地震壓力之下，顯現日帝長期糧食的不足，耕作面積不足，因此展開遊說誘惑大和人對外移民，在台灣總督府殖產局協助之下，首先移民台灣的東海岸一帶，1909年首例移民村「吉野村」就是占領阿美族七腳川附近的領土，當時以「無主國有論」占據了原住民固有的領土場域。

圖中為花蓮港廳大和民族在台的吉野村，設有16個村落，約有8,500人從事農業工作，大部分種植高檔的農作物如菸草、鴉片，獲取暴利。

台灣教育大會神社參拜合影

伊澤修二擔任台灣學務部長以來，為台灣的殖民地教育，為日本帝國皇民化確實付出了心血，但因為和後藤新平意見相左，所謂的師範教育、中學教育，在後藤新平、民政局長商談之後，將他一一否決，並且關閉了台中以及台南的師範學校，和部分在全島所布置規劃完成的公學教育，後藤抨擊伊澤過於樂觀而不切實際，對於台灣島民的教育「不宜智意開發，免於統治的流弊」，只需基礎教育，而高等教育應在日帝國內實施。

圖中為1935年1月2日，台灣殖民政府幾乎每年在台各地舉行台灣教育大會討論有關殖民教育等事項，是台灣最重要的教育團體，台灣教育會開完大會以後必須前往神社向日帝朝拜的合影照。

元長公學校畢業典禮合影

日帝殖民台灣達50年之久，除獲取台灣資源以外，並實施皇民化、愚民教育、軍國主義，企圖渲染台民尊皇愛國思想，並且武裝統治全台，警察全面嚴控人民，台民所就讀的公學校，日本人教師都配有利劍，威嚇架式十足，令人不寒而慄。圖中為元長公學校（現雲林元長國小）1934年畢業典禮的照片，學生的穿著有所不同，日帝學生身穿日式服裝、腳穿皮鞋，台灣學童則穿台式服裝且光著腳丫，可以感受出雖處共學但對於不同民族的差異教育。

華山與南門小學校棒球賽合影

日帝殖民台灣，台灣的學務部將學制分成三等：一、大和民族所讀的學校是內地的延長，稱呼為「小學校」。二、台灣人（被稱為土人）所就讀的學校稱呼為「公學校」。三、原住民（被稱為蠻族）所就讀學校由警務所經營，稱呼為「蕃童學校」。棒球運動來自美國，日帝統治下，將棒球文化帶來台灣。1920年美國職業棒球隊曾經造訪台灣，棒球運動早期是大和民族小學校所特有的一種高級運動，台灣人子弟只能夠望球興嘆，之後台灣人嘉農也參加了甲子園大賽，讓大和人看見了原來「野蠻人」、「土人」也能夠揮棒打球，而且不容小看。

圖中為華山小學校與南門小學校舉行比賽，總督內田嘉吉贈送簽名球以茲鼓勵，後方站著教練段塚、兒玉、野崎。

日本相撲選手於南門國小合影

日帝殖民下的皇民化運動，除了禁止講母語之外，對於傳統戲曲、廟宇活動都不允許，更不許在學校講所謂的方言，必須用日文溝通，否則被掛上狗牌罰站，甚至被老師處罰，家長還必須到學校賠罪。1941年以後，日帝殖民政府展開對台灣瘋狂的皇民化政策，移民政策之下，帶來了日帝的傳統相撲文化，一時間便成為了皇民化運動重要的項目，提倡健身、皇民化、愛國，並在台灣各地小學公開推廣。

圖中為1939年日帝軍國主義當道時刻，日帝相撲選手橫綱雙葉山一，來台在南門國小指導學生的活動照片。

台灣人志願兵義勇隊

1937年左右，台灣殖民政府以徵用軍伕名義要求台民擔任日軍雜役粗活的工作，如搬運屍體、傷患、子彈和砲火，當時不配給彈藥與武器。隨著日帝在太平洋戰爭及中國戰場情勢危急之下，開始對台徵兵，在短暫的訓練後，將台灣人送往戰場。

圖中為1938年在日帝殖民政府強力的徵召誘惑下，台灣人志願兵義勇隊前往中國廣州為日軍效命。

日帝高官來台巡視

日帝殖民下，台灣殖民政府對於台灣島民最重要的任務之一，為新領土的經營與開拓，並且視察台灣自古以來儒教制度、語言、習慣、風俗、信仰等，制定一套台日合一的混合學制，並將琉球在被併吞下殖民教育的成果，當作台灣皇民化教育的參考藍圖。

圖中為日帝高官除了皇太子裕仁之外，皇親國戚經常來台巡視或宣揚國威，乘坐黑頭車行駛街上，台民雙邊排排站，鞠躬彎腰下跪，成為尊皇愛國最重要的一課，顯現台民在日帝殖民下被欺凌壓榨，而統治者卻高高在上，宛如君臨天下。

女子國小畢業旅行神社參訪

台灣殖民政府在伊澤修二所提倡的台灣近代教育改革方針，除了部分尊重舊有的儒學，並制定一套結合日帝內地的教育法，混合成為台灣殖民地的學制，伊澤曾在1895年7月27日克服一切正式開啓對台教育的新紀元，也是台灣同化教育的第一步。圖中是女子國民小學畢業旅行所必須參訪的神社之一，每年1月1日新年過節都必須前往在台北芝山巖附近的紀念碑參拜，祭拜當時被台灣抗日英雄所殺害的6位日帝老師。

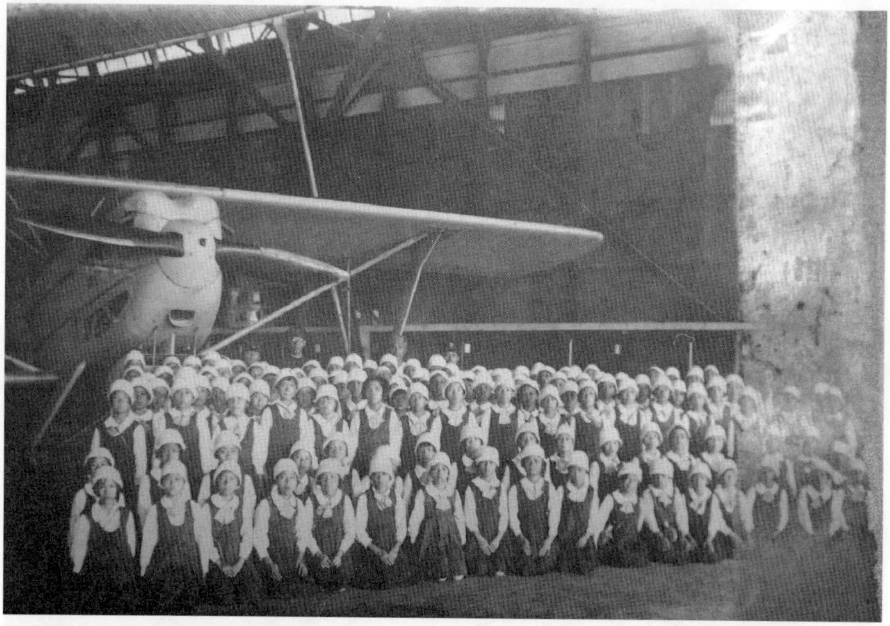

女子學校台南飛機場參訪合影

台灣女子教育啓蒙於馬偕，現淡江中學的女學堂，日帝殖民台灣以後，為了突破過去台民重男輕女的習性，對於女子教育之提升改革以及解放自古以來纏足的束縛，確實有部分的貢獻，早期女流畫家陳進就是一個成功的例子。1934年10月30日女子學校在台南的飛機場參訪，一方面宣揚國威，另一方面展現出殖民地台灣軍武繁榮的景象。

圖中為女學生在飛機場的合影，形象端莊嚴謹，不似現代的活潑俏皮。

台灣神社春季奉納相撲活動

日帝殖民統治下，相撲運動是日本的國技除了日帝小學校以外，各公學校都有類似的運動，並在全台各地舉行鄉、鎮、市、州的對抗比賽，成為一種皇民化的全民運動。自中國崛起以來，台日文化交流更加頻繁，多年前日本相撲選手來台北交流表演指導，期間，利用夜間到中山北路六條通飲酒作樂，行為囂張。

圖中為台灣神社1943年舉行春季奉納相撲活動，加強小朋友的身強體魄，貫徹軍國主義、神道文化，如同一場思想競賽。

日帝殖民官講述大和神道理論

1940年，以紀念日帝開國首位天皇「神武」，繼位2600年以來，日帝光輝燦爛的一刻。自古中國人稱日本為倭，最早是朝鮮半島用於稱呼九州島彌生人所建立的邦國。兩漢經樂浪與朝鮮半島人接觸，進而得知倭人。後日本邪馬台國興，遣使納貢魏國，魏明帝曹叡授邪馬台國女主「卑彌呼親魏倭王」。六朝時，倭遣使納貢，中國各朝皆封其為倭王，然其國是大和、邪馬台，隋唐以後，唐賜給倭國的國名。倭人政權開始自稱日本，派使節赴唐，武則天亦改稱呼為日本。

圖中為日帝殖民官向台灣人民講述大和神道理論與事蹟，對他們洗腦、同化，標榜日帝自神武天皇以來的偉大神論。

徵兵制實施發表

1945年日帝正式對台灣發出徵兵令，希望台灣本島青年打開光榮之門，為日本帝國盡忠報國。此時的日軍除了在中國戰場節節敗退之外，在太平洋上所占領的島嶼幾乎被美軍所光復，日軍已經到了窮途末路，彈盡精竭，在不得已之下除了在日帝國內實施學徒兵，在各殖民地動之以情，說之以愛，柔情說服使之為日本帝國打仗犧牲性命。

圖中為1943年日帝內閣決定對台灣實施徵兵制，並於9月2日透過情報局發表。

皇民劇觀賞

1941年太平洋戰爭之後，日帝台灣殖民政府為了有效控制南進政策，皇民劇為其對於台灣的居民所實施的皇民化教育之一，台灣傳統戲曲如歌仔戲、布袋戲、皮影戲，一律禁止，不允許講各種台灣語言，推廣國語家庭「日語」教育，並以新劇加強對台民的文化思想教育達皇民化、愛國化等重要政策。

圖中為台灣人民在殖民政府動員之下，齊聚於大會堂觀賞皇民劇的場景。

台北台灣神社

北白川能久為日帝對台作戰總指揮官，率領日帝最精銳的近衛師團從中國戰場輾轉來台灣，展開對台灣的統治作戰，不料，台灣的反抗遠遠超過在中國的戰場，令人不可思議的是，日軍在這場戰役當中損失慘重，不得不從中國戰場再調集增援軍，陸軍第二師團、第三旅團和第四連隊，從南部的東港上岸，再由日帝皇族伏見帶領第二師第四旅團從布袋港登陸，準備包抄台灣義勇大將劉永福，傳說中北白川就在南部戰役中，被我軍殺害，戰死在台南，但不被日方所承認，因此成為世紀之謎。但根據近年來靖國神社陸續所公布在台戰死的名單即一千多人，病死者近一萬人。顯然日方一直以來有所隱瞞，與事實不符。

圖中為北白川戰死之後，被日帝奉為最高的榮譽，在台北蓋了一個台灣神社供奉他。

戰前屏東航空基地

日帝殖民下的台灣成為日帝的南進基地，建設為一個不沉航空母艦，日帝在1931年之後發動一連串侵略中國行動，引爆盧溝橋事變之後，對於台灣更加嚴控，實施忠良愛國皇民化教育，並加強鞏固愛國思想，尤其在1941年太平洋戰爭之後，日本人對台灣採取更柔和的政策，一方面建設軍事堡壘，另一方面重用台灣人，給予較高一點的職位，攏絡台灣居民，不允許對日帝軍政府有所批判，穩住日帝的大後方——台灣，做為南進基地，日帝統治下積極控管台灣全島。

日帝飛行第8戰隊，在太平洋戰爭期間，由屏東基地飛往南方作戰，為日帝陸軍所屬的航空部隊，其任務為偵查與轟炸。

圖中為戰前日帝屏東航空基地，戰後劃為屏東民用機場，現已停用。

日帝金門島駐軍

1939年中日盧溝橋事件爆發之後，日軍在大陸旁的金門島設基地砲台，與中國部隊對峙，防堵國民政府部隊南下，日軍怕被切斷台灣海峽海上之路，會影響戰爭補給以及美軍可能的軍事行動。

圖中為日帝海軍陸戰隊及警備隊，在金門島上持槍面對大陸，台灣海峽為軍事要衝，美國在太平洋戰爭中，更透過台灣海峽作戰，因此日帝在金門的駐軍顯得更為重要。

井上幾太郎與在台陸軍將領合影

井上幾太郎，山口縣人，在日俄戰爭中為陸軍第三總參謀部的一員，曾擔任陸軍運輸署長官、交通運輸陸戰隊總部長官，1937年擔任帝國軍團上將。

圖中為井上幾太郎奉命來台視察台灣的軍事基地，和其他在台陸軍將領的合照。

3 日帝理蕃政策與原住民抗日

一八九五年甲午戰爭後，清朝敗北，日帝殖民統治下，台灣原住民在日軍的嚴控下，以大和民族的所謂「文明聖潔」觀點，將原住民冠上「蠻民一族」，行教化政策，愚民奴化之實；以理蕃政策，欺壓台灣原住民的眞性情，以皇民化教育，削弱原住民的部落文化，打壓消失無蹤差點滅族，部分牡丹社事件排灣族家屬，爲了避免二次報復早已改名換姓，閉口不談。

日帝台灣統治時期，如一九〇七年阿美族抗日七腳川事件，一九一五年布農族抗日大分事件，再到一九三〇年爆發霧社事件，爲賽德克族原住民抗日事件，地點在現今南投霧社。事件起因爲賽德克族馬赫坡頭目莫那．魯道，率領德克達亞群各部落，不滿日帝當局長期以來苛虐暴政而聯合起義，於霧社公學校運動會上襲殺日本人，爆發後立即遭總督府調集軍警，以飛機、山砲、毒氣等武器強力鎭壓，在一八九六年至一九二〇年間，台灣原住民勇士先後發動一百五十餘次，武裝抗日行動，尤其一九三〇年爆發的霧社事件最爲慘烈。賽德克民族英雄，莫那．魯道最終飲彈自盡，參與行動各部族幾遭滅族，數百原住民寧死不屈下集體自縊，餘生者被強制遷至川中島（今清流部落）。

台灣總督府理蕃政策遭到挑戰，造成國際間討論日帝殖民政策，導致台灣總督石塚英藏與總務長官人見次郎等辭職。

監控下的原住民豐年祭

日帝殖民台灣沿用清朝對台灣的開山撫番方式，採取更加殘暴的理蕃政策。一方面歧視原住民，另一方面分化平地人與原住民增加彼此的仇恨，達到以夷制夷的效果。在皇民化時期將吳鳳的故事美化宣傳，利用原住民的善良，將莎韻之鐘扭曲成為日帝二戰期間對台增兵的樣板題材。

圖中為原住民的豐年祭，日軍嚴加控管著，在殖民地下的原住民毫無自我。

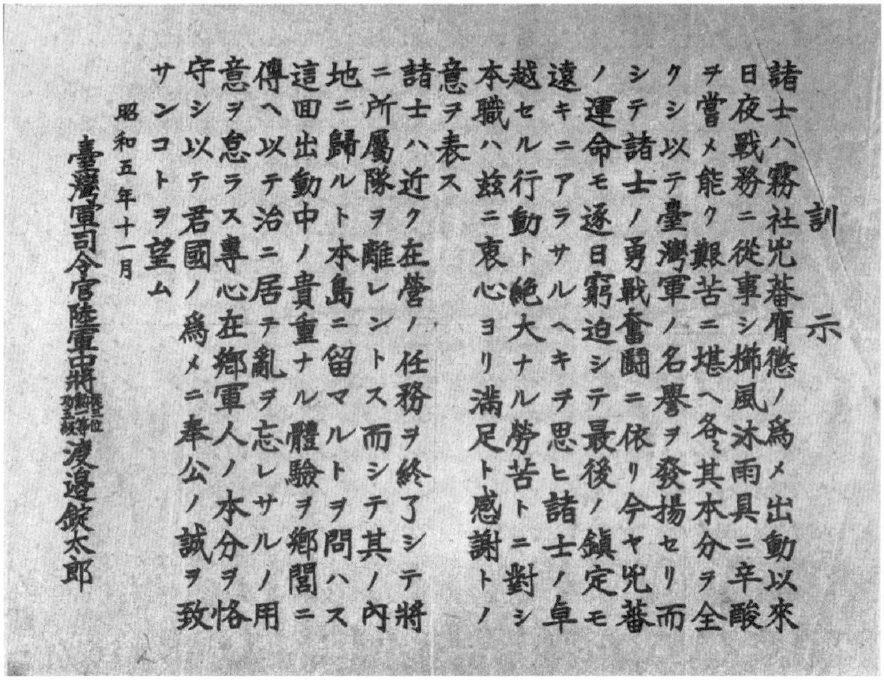

訓示

諸士ハ霧社兇蕃膺懲ノ為メ出動以來日夜戰務ニ從事シ櫛風沐雨具ニ辛酸ヲ嘗メ能ク艱苦ニ堪ヘ各其本分ヲ全クシ以テ臺灣軍ノ名譽ヲ發揚セリ而シテ諸士ノ勇戰奮闘ニ依リ今ヤ兇蕃ノ運命モ逐日窮迫シテ最後ノ鎮定モ遠キニアラサルヘキヲ思ヒ諸士ノ卓越セル行動ト絶大ナル勞苦トニ對シ本職ハ茲ニ衷心ヨリ滿足ト感謝トノ意ヲ表ス

諸士ハ近ク在營ノ任務ヲ終了シテ將ニ所屬隊ヲ離レントス而シテ其ノ内地ニ歸ルト本島ニ留マルトヲ問ハス這回出動中ノ貴重ナル體驗ヲ鄉閭ニ傳ヘ以テ治ニ居テ亂ヲ忘レサルノ用意ヲ怠ラス專心在鄉軍人ノ本分ヲ恪守シ以テ君國ノ為メニ奉公ノ誠ヲ致サンコトヲ望ム

昭和五年十一月

臺灣軍司令官陸軍中將 從三位勳一等功五級 渡邊錠太郎

懲番文

1930年霧社事件之後，日帝殖民政府，台灣軍司令官陸軍中將渡邊錠太郎，所公告的懲番文。

圖中內容為要謹守本分、盡忠愛國、奉公守法，懲罰霧社凶番而奮鬥，發揚軍人的本色。

川中島管理階層住所

1930年霧社事件之後，日帝動用了大批的軍警人員，除了屠殺賽德克族，以血祭方式無情的破壞，讓賽德克族人驚恐的四處逃竄，1931年6月6日，逮捕了莫那·魯道的遺孤，及部分參戰勇士的家人，被集中帶到俘虜營，川中島為現在南投縣仁愛鄉的互助村，因為有三條河交會，形成一個封閉的孤島地形，日本人將此地稱為「川中之島」。
圖中間為四方型的圍牆，內為日帝警察和官員住的地方，是日人管理階層，因為害怕而築起高牆阻隔原住民。

賽德克族人接受日軍軍事訓練

霧社事件爆發以來，由於日帝軍警不熟悉地形地物，因此利用以番治番，將歸順的部分賽德克族人，用來訓練這些原住民作戰以及武器的使用，藉此利用他們來對付莫那魯道所領導的反抗軍。

圖中為賽德克族人接受日軍的軍事訓練，拿著槍對準標靶，當作射擊練習。

原住民台中空軍基地參訪

霧社事件以後，日帝台灣殖民政府，開始以高壓政策去壓制原住民，用懷柔政策帶原住民去旅遊參觀進行愛國教育。

圖中為日本人帶原住民到台中參觀空軍基地，並要求他們高舉日帝國旗以示愛國。

日帝高官朝拜玉山上的日帝神社

日帝統治下，日本人在台灣享有一等公民的待遇，尤其是高官，出門有黑頭車接送，登山有原住民揹著走，享盡了榮華與富貴，更顯現台灣百姓在日帝殖民下猶如一群次等公民。

圖中日帝高官要攻頂新高山（現為玉山），朝拜新高山上的日帝神社，但卻由台灣原住民充當苦力揹著官員上山，是將台灣人不當人看的一個最好縮影。

高砂族青年之冷水修煉

日帝殖民下，對於皇化不分種族，特別對於台灣的原住民更是加強愚忠教育，甚至超越皇民化的成就。在新竹竹東圳實施的高砂族青年修煉所，從高山上特別選拔強壯體魄的青年接受皇民式的精神訓練，嚴格而慘烈的鍛鍊下，希望原住民金蟬脫殼、煥然一新，其目的在對台灣實施徵兵制前的一種誘惑式訓練。
圖中為原住民身浸冷水之中，強忍寒冷鍛造身心的極限。

青年訓練所的木製槍軍事訓練

在高砂族青年訓練所的其中一項訓練為木製槍軍事訓練，此外，每天傍晚課程結束前必須謙卑誠心的對所謂日帝的神道祭拜，並為了皇民練成之道，將日本帝國所占領的領土，利用世界地圖，向訓練所的學生進行奴化教育。

圖中為訓練所學生練槍場景，磨練身心，為皇國戰場效命準備。

台灣青年著日帝軍裝

日帝在太平洋戰役漸居於弱勢，1942年，日帝開始對朝鮮、台灣兩地實施徵兵制之討論，經過正反意見，最後決議朝鮮於1944年開始施行徵兵制度，台灣則仍採志願兵制度。而在1943年6月10日，台灣軍司令官安藤利吉大將，以「台灣徵兵事務規則」上呈日帝內閣。同年9月23日，日帝內閣決議對台灣進行徵兵制度，將台灣人與朝鮮人送往殘酷的戰場當砲灰。

圖中為台灣本島青年穿著日帝軍裝，表現出雄壯高昂的氣勢，被日帝廣泛作為徵兵宣傳之用。

原住民出征前的傳統相送儀式

台灣原住民無論在哪個族群統治下，都被歧視誤解成一群不幸的族群。日帝殖民下，在太平洋戰爭走到末端時，由於對台灣原住民英勇抗日的精神留下深刻的印象，因此在台灣的各部落強化實施愛國教育以及皇民化，企圖改造原住民成為日帝的一支強力軍隊。在誘拐之下，日帝拉攏原住民成立了高砂義勇軍。

1942年3月第一批稱為「高砂族挺身報國隊」約五百人左右赴菲律賓作戰，成功擊退巴丹半島美軍而聲名大噪，後改稱為「高砂義勇隊」。日軍後來將「高砂族」青年重新編入特殊任務部隊内，如「齊藤特別義勇隊」等；另有1943年送往菲律賓呂宋島戰場，被取名為「薰空挺隊」者全軍覆沒、無人生還，其一生悽慘甚至於戰後也無人得到日帝任何的補償。

圖中為原住民出征前，接受族人的傳統儀式相送，其名皆換做日帝姓氏。

原住民結婚時前往日帝神社參拜

日帝台灣殖民政府對台灣原住民所實施的理蕃政策，殺害台灣原住民同胞，採取不人道的處置，並用隘勇線圍困在原住民的部落，彷彿是人間煉獄。1918年後，日帝國內發生糧食不足，米的騷動，造成人心惶惶，加上1923年東京大地震，日帝國內正處於前所未有的動盪，在此刻誕生一位文官首相原敬，1919年田健治郎派任台灣殖民地文官總督，以「同化政策」為統治的基本方針，發表同化政策的精神是「內地延長主義」，也就是將台灣視為日帝國內的延長，目的在於使台灣民衆成為完全之日帝臣民，效忠日帝朝廷，加以教化善導，以涵養其對國家之義務觀念，統治的末期，日帝加強對原住民的愚忠教育，甚至讓原住民的祖靈信仰煙消雲散。

圖中為原住民結婚時必須前往山區部落旁的日帝神社，向天造大神鞠躬參拜。

第三章

烽火凌辱——中國

1 滿洲國

滿洲國（一九三二—一九四五年）是日帝占領中國東北地區後，結合部分清朝宗室以及漢人將領和權貴在中國東北地區（滿洲）建立的國家。其首都設於新京（今長春），一九四五年八月後遷至通化（今吉林省白山市境內）。領土包括現今中國遼寧、吉林和黑龍江三省全境（不含關東州），以及內蒙古東部、河北省承德市（原熱河省）。

滿洲國初期爲共和體制，不久後以清朝遜帝愛新覺羅．溥儀爲元首，初期稱號爲「執政」，年號「大同」；後溥儀稱帝，年號「康德」。一九四五年八月，蘇聯紅軍進攻駐守滿洲國的關東軍和滿洲國軍，日帝戰敗；同年八月十七日午夜至十八日凌晨，溥儀舉行退位儀式，宣讀《宣統帝退位詔書》，滿洲國正式滅亡。溥儀一生經歷清朝亡國、中華民國、日帝附庸的滿洲國到共產黨統治，四個時期不同的人生，是中國近代史上最具傳奇的人物之一，有志難伸，一再被政客所利用，最終走入勞改一途，結束落寞的一生。

一九四〇年四月六日，是日帝櫻花盛開的時節，在大日本帝國皇室安排之下，迎接來訪的滿洲國國王，表面上給國王溥儀在亡國以來最大的風光儀式，滿洲國的五色旗及日帝的太陽旗沿途高掛，一方面祈求皇帝途中的平安，另一方面山櫻水秀的日帝春景，湧現一種狂喜之情。短短的行程之中，除了慰問日軍，慰勞受傷將士，大部分時間走訪各地神社，彷彿是一場皇民化之旅，回到宗祖國向日帝天皇效忠，祭拜神社。

二次大戰結束，滿洲國國王溥儀在遠東國際軍事法庭作證，回顧那一年訪日神社之旅，他被強迫到日帝參拜神宮舉行大典，回去時贈予溥儀三種神道禮物：一、神器，二、劍，三、鏡子。回國後同年七月十五日在長春市，強迫搭建「建國神社」，是他一生中最大的屈辱。日本人奴化了東北人、中國人以及南方的各民族，留下歷史的見證，以鏡子照見自己。

溥儀與日帝天皇共乘校閱部隊

1935年4月2日，溥儀為了答謝日帝對滿洲建國有功，在關東軍安排下，訪問大日本帝國。他從長春出發，乘火車到大連。這次訪問，日帝做了周密安排，組成了迎賓接待委員會，海軍派出「比睿」號戰艦和多艘護航艦護衛。

圖中為溥儀與日帝天皇共乘，校閱部隊。

溥儀參拜日本帝國

溥儀自皇宮出發，是清朝亡國以來，首次重要的訪問，在日帝政府刻意安排下乘坐黑頭車，風光前往日本帝國參拜，這是一場向國際展示日帝霸權的政治秀。

溥儀戰艦上遙拜日帝神武天皇

圖中為溥儀登上日帝所特別安排的「比睿」號戰艦，前往日本帝國的途中，碰巧是日帝神武天皇忌日，在戰艦上遙拜致敬。

溥儀參拜東京明治神宮

溥儀國王表面上風光，日帝給予十足的面子，透過傳播，公告日帝全國百姓，以結成歡迎之勢，是當時日帝最重要的外交活動。

圖中為溥儀下車之後馬上參拜在東京的明治神宮，以報天恩。

溥儀參拜日帝靖國神社

溥儀身為一個國王，在日帝附庸之下，一切行動安排皆畢恭畢敬，絲毫不敢為所欲為。隨從緊跟在後，表面上是保護其安全，目的是監控行動。
圖中為溥儀在日帝安排下，參拜日帝的靖國神社。

溥儀參拜大正天皇墳墓

表面上是兩國親善友好之旅，其背後隱藏著日帝的皇民主義，挾天皇而令諸侯，顯現溥儀毫無自己的選擇，一位不被重視的皇帝，在日本帝國到處參拜天皇陵寢。圖中為溥儀參拜大正天皇墳墓。

溥儀參拜春日神社

春日神社為日帝重要的神社之一，供奉的神明包括武神、軍神、祝詞之神、出世之神等。

圖中為溥儀來到日本帝國最古老的古都奈良，參拜春日神社，祈求平安。

溥儀親訪湯島聖堂的孔廟

「湯島聖堂」為德川幕府第5代將軍德川綱吉所建。建成時稱為孔廟。位於東京都文京區湯島一丁目，JR中央線御茶之水站附近。這裡立有「日本學校教育發祥地」的碑文。溥儀國王在日本帝國訪問期間唯一參拜跟中國有關係的行程，就只有這間湯島聖堂。

圖中溥儀親臨「湯島聖堂」的孔子廟。

溥儀參拜武藤信義

武藤信義，日本帝國時代陸軍軍人。擔任關東軍司令官一職，並兼任滿洲國駐滿特命全權大使與關東長官，掌握滿洲的軍事、行政、外交，並與滿洲國國務總理鄭孝胥簽訂《日滿議定書》，維持滿洲國內治安，武藤信義遂成為首任日帝駐滿大使，是控制滿洲國最重要的人物，可以說是溥儀的長官，一切聽命於他。武藤信義晚年病逝於滿洲國內的新京（今長春市）。

圖中為在日帝的安排下，溥儀不得不去參拜曾經控制他，左右滿洲國的軍頭武藤信義，由此可見其身不由己。

神道用祭品

溥儀訪問大日本帝國，除了密集的拜會之外，日方並安排伴手禮。

圖中一本「聖德紀念壁畫集」描寫日帝近年來的偉大戰功，更奉上神道用的祭拜聖品，要求溥儀帶回皇宮。

溥儀參拜桃山明治墳墓

溥儀特別到日帝舊有的古都京都，去參拜桃山御陵的明治墳墓，表達虔誠之意。
圖中滿洲國皇帝進入明治神廟祭拜。

溥儀參拜平安神宮

京都城，建設時仿照唐都長安和東都洛陽，外郭城又分為東西兩部分：西側稱長安（右京），東側稱洛陽（左京），後因右京低窪潮溼被廢棄，左京漸漸發展壯大，人們也習慣住在左京，故日本帝國京都又別稱「洛陽」。

圖中為溥儀特別下榻「平安神宮」參拜。

溥儀參拜嚴島神社

嚴島自古就被人們認為是女神居住的靈島，因此逐漸成為日帝神道信仰的中心。「嚴島神社」位於日帝廣島縣二十日市，主要祭奉宗像三女神（田心姬命、市杵島姬命、湍津姬命）。神社前方立於海中的大型鳥居是被譽為「日帝三景」之一，為嚴島境內最知名的地標。

圖中為溥儀坐船回國之前，特別訪問廣島附近、也是日帝甲午戰爭的指揮大本營所在地，親訪嚴島神社。

2 慰安婦

依史料記載，日帝占領台灣後，從軍政轉民政。明治二十九年（一八九六年）當時日本女人禁止來台，爲了規避法令，她們便穿著和服從淡水河口悄悄登陸進入台北城而引起騷動。當時日軍普遍認爲台灣女人皮膚偏黑，猶如「苦力嬸姆」，而日本內地男人偏好日本女人。當時也有香港女人穿著洋裝渡洋來到淡水與日本女人於「川口屋旅館」共築巢於一室，足以證明日本的娼妓早已在明治二十九年時即已來台慰勞日帝皇軍的性慾，而川口屋旅館也成爲最早的娼妓館。

日帝成立以來，對外侵略作戰，身爲帝國的男人大部分被徵召，因此日軍對於長期在外作戰的士兵，生理上的需求有所考量，一開始由公辦民營的方式讓日軍閒暇之餘有個疏通管道，但因經營不良、管理不當、軍紀敗壞，一度受到輿論的批評，此後表面上民營，實際上還是由政府在背後支持，在日帝的各殖民地，台灣、朝鮮、中國滿洲，甚至於琉球人民及部分日帝的居民都曾被半推半就、威脅利誘充當了日軍的慰安婦。

慰安婦的由來爲日本中將津野一輔，曾帶領日軍在一九一八年出兵西伯利亞，後轉戰蘇聯遠東邊疆擔任司令官，再調任sagaren州派遣軍參謀長，占領現在的庫頁島北部。津野一輔爲首位准許日帝陸軍在軍隊內設置安慰所，作爲鼓舞士兵的措施。設置理由有以下二方面：

一是因爲日帝士兵不明白戰爭的目的，士兵的心情不佳，因此士氣低落，讓軍紀敗壞，士兵隨意搶掠民居的家畜和柴火，並強姦在地婦女及姦後殺人事件；二是日帝士兵的性病感染率高。原因之一是陪伴士兵的歌舞侍酒女藝人感染性病。就因爲這樣，日帝特別於一九二〇年九月一日修法頒布「歌舞侍酒女藝人，女招待取締規則」，接待日軍的歌舞侍酒的女藝人、女招待員要得到日帝憲兵隊的許可證，日帝憲兵隊會要求女藝人、指定女招待員做性病的健康檢查。這是憲兵隊管理的公娼制度，並組織「藝娼妓連」統一運作，並透過組織向慰安婦們募款，或舉辦皇軍慰勞活動。戰爭末期日帝將慰安婦制度改成公辦民營，以逃避責任。

日帝戰敗後，在各國的輿論之下，卻不願意承認這一段過程，幾度公開否認慰安婦的問題，其原因爲日帝戰敗以後，大部分的慰安婦史料，被美國所掌控，因此在美國的壓力下，承認有此行爲，但否認是由日帝軍部政府所主導，也不願對各國提出賠償，台灣富豪許文龍供稱慰安婦是自願的，公然爲日帝背書，而李登輝在二〇一五年訪日期間，曾公開替戰前日帝政府脫罪，說慰安婦事件已經解決。

上海虹口區慰安所

日帝陸軍所開設的慰安所，1938年1月上海虹口區江灣鎮。可憐的慰安婦，平時除了受到日軍的欺辱之外，在日帝對外侵略戰爭中，為了配合皇軍要求，也需經常向日帝捐款。當時軍國主義、愛國主義當道。

除了肉身相許，也需金援奉獻支持皇軍聖戰。直到昭和七年1932年才廢除此項任務，真是可恥！

圖中有寫日文及中文對照，還有軍醫擔當管理。

上海楊家宅慰安所

在上海的楊家宅（現長寧區），由日帝軍部所指引的第一間慰安所，軍部民營管理大約有120位女性，抽籤排隊，一次時間30分鐘，在長方形的小屋裡面得到生理的慰安。

圖中穿著軍服的日軍，由穿和服的「媽媽桑」帶領入場。

日本藝妓

在日帝占領下的北京，日本藝妓（日語：芸者）在日帝享有崇高的社會地位，但在日帝時期，軍政統治下，芸者也成為日帝高級軍官的慰安婦，為衆所皆知的。日帝統治下，有人種之區分，高等與低等之別，連慰安婦也都有階級的制度。
圖中的芸者就是屬於上層官員的慰安婦。

徵求慰安婦布條

1938年3月在北京（現平漢線新鄉）附近所開設的慰安所——赤玉會館。

圖中日帝軍官坐著手拉車，快樂的出航，背景布條還公開徵求慰安婦。

大和民族慰安婦

南京的西南方（現蕪湖市），日本人的從軍慰安婦，他們專門照顧受傷的士兵，並且免費的「奉仕」。

圖中的女性都是大和民族的慰安婦，圖右側有著「四郎探母」的標語板乃藉由宋朝楊家將自前線返家探望母親的故事，諷刺被日軍所徵召的士兵來到前線後，其身心的寂寞在慰安所裡可得到短暫母愛的慰藉。

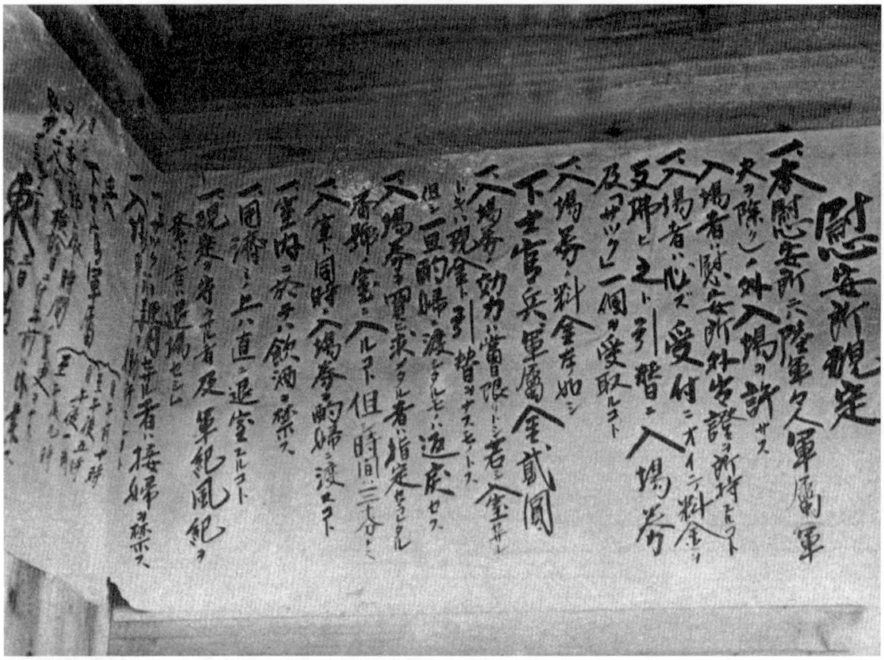

慰安所規則

日帝司令部對於慰安所裡的規則，有明文規定。

圖中說明營業時間從早上十點到晚上九點，低階士兵的時間為上午10點至下午5點，下午1點至晚上9點是專屬於軍官的時間，一次30分鐘，費用為日幣2元，規定一律得使用保險套，不得違法。

朝鮮慰安婦

年輕的朝鮮少女慰安婦，被日帝強行脅迫，許多到戰後下場非常可憐，並得不到任何賠償，這也是被殖民地人民的一種悲哀，更是日本人令人不齒的一種行為。圖中為朝鮮少女前後排隊，接受性病檢驗的健康檢查。

性器官檢查台

為慰安婦所設的性病檢查所，器材簡陋，當時日軍得性病者居多，造成部隊的困擾，不得已下進行慰安婦的生理檢查。

圖中為某軍醫製作的，女人性器官檢查的簡易手術台。

慰安所裡的女人

20歲不到的青春年華，就被強迫到慰安所工作，以換取少許的生活費，直到年老無法工作，孤寂而亡，仍未能得到日本的道歉。

圖中為在慰安所裡面的女人，戴起了日帝的軍帽，雖然面帶微笑，但其背後隱藏著不可告人、淒慘的人生。

日式食堂

日本帝國成立以來到處掠奪戰爭，男人戰死沙場以外，女性也被動員到戰爭各地去擔任慰勞工作，除了公辦民營慰安所以外，街道外日帝式的食堂專門提供來自祖國的餐食給日軍各階層使用。

日帝和服與中國長袍的對比

日軍占領滿洲後，在國內力倡日人移民中國可享有日帝補助及一等公民的優惠待遇，遠比在日本內地優渥，如同台灣的移民村。

圖中為1938年在中國天津市的福島街，烽火下的街角旁，兩國人民奇妙的交錯，穿著和服的日帝女性和迎面而來穿著長袍馬褂的中國人，形成有趣的對比畫面。

石家莊日軍慰安所

1938年，在中國的石家莊出現了歡樂一條街，專門提供給日軍的慰安所，來到這裡的士兵，可以得到像愛人或家妻溫暖的感覺。

圖中日帝女性坐著人力車，準備出街，招牌上寫著片假名──愛媛。

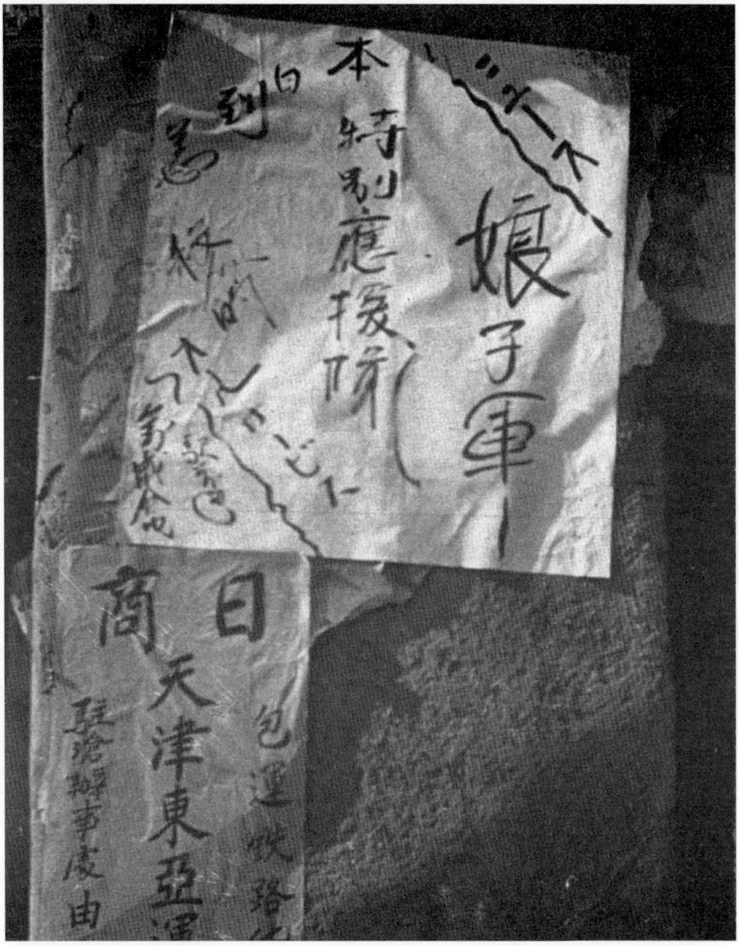

新進慰安婦宣傳廣告

日帝皇軍除了占領侵略、屠殺無辜百姓之外，空閒之餘不忘尋春玩樂。多年前，日本演歌明星細川貴志來台，這些老派歌手在日本已經沒有市場，年輕人不愛聽演歌。近年接連來台演出，因為全世界僅存台灣人在聽日本演歌，也許是文化交流，又或是緬懷殖民時期的台灣。細川於演唱會結束後，到戰前台北八條通紅燈區招妓尋歡。

圖中貼在牆上的慰安婦廣告，宣傳新進的慰安婦，為日軍提供完善的全套服務。

第四章

占領統治——庫頁島、琉球、朝鮮、滿洲

1 庫頁島

日帝自明治維新以來，首先將蝦夷地（今北海道）收編為日帝的國土，從此統治殖民北海道愛奴族，成為日帝近代第一個殖民地。

一八六八年（戊辰年）四月，德川幕府的江戶城無血開城退讓，明治建立新政府。在此同時，幕府海軍副總裁榎本武揚因不服明治新政府，遂帶領八艘軍艦北上蝦夷地的箱館（今北海道函館）占據五稜郭、松前城兩處以做為根據地。一八六八年十二月，榎本軍成立「蝦夷共和國」，並舉行記名制的選舉，由士官級以上的幹部投票選出內閣人選，以獲得最高票的榎本出任總裁，成為亞洲第一個民主共和國。一八六九年明治政府出兵，引爆了「箱館戰爭」，「蝦夷共和國」不幸戰敗，僅短短成立不到兩百天，於一八六九年五月十八日便告滅亡，同時也結束了戊辰戰爭。明治政府從此殖民統治北海道。

十九世紀前，清朝曾擁有庫頁島的主權，俄國稱為薩哈林，日帝稱為北蝦夷地（指北海道以北）或樺太，當時的清政府並未正式有效管轄該島，僅僅派員數年巡查一次。一八五八年，俄羅斯帝國通過《瑷琿條約》、《北京條約》使中國割讓庫頁島。一九〇四年日俄戰爭結束之後，日軍順利取得中國遼東半島控制權，並與俄國談判取得庫頁島以南的領土，一九〇五年，日帝通過《樸資茅斯條約》獲得南樺太（北緯五十度以南），從此庫頁島以南正式交由日帝統領。日帝並將北海道及千島群島設置回自己的行政區，一九〇五年和一九一八年至一九二五年間，日帝曾一度統治全庫頁島。

日帝對於北方的俄國早恨之入骨，從過去歷史中多次騷擾北海道，讓日帝如芒刺在背，因而埋下戰爭的種子，於一九一八年出兵西伯利亞干預俄國的內政，野心勃勃的一路進攻到伊爾庫次，設立了在歐洲的據點。日帝控制了俄國遠東的所有港口，以及西伯利亞鐵路沿線自赤塔以東的城鎮，並操縱控制從貝加爾湖到滿洲里的範圍。一九四五年，蘇聯發動八月風暴行動，再次攻占庫頁島，日帝戰敗放棄南樺太（北緯五十度以南）的主權，目前庫頁島全區和千島群島由俄羅斯所控制。

日俄高級將領合影

日俄在中國的領土上爆發兩國的大戰，在他國作戰，是史上所罕見的，倒楣的是中國，其領土、港口被他國軍隊占領，人民無辜被殺。

圖中為當時俄國、朝鮮、日帝將領的合照。日俄戰爭，日帝逮捕了中將史密魯諾夫後所拍攝的合照，戰爭中有3000餘名士兵，被帶到日帝的山形縣集中營，從事苦力工作。

庫頁島多蘭港的愛奴族村

中國曾經擁有過庫頁島的主權，是過去滿洲人及少數民族所定居捕魚的傳統海域，1858年清朝在俄人威脅下，和俄羅斯帝國簽訂《璦琿條約》，將庫頁島割讓給俄羅斯，俄國人稱他為薩哈林；1904年以後，日帝取得統治權，日本人稱為北蝦夷地（指北海道以北）或南樺太。日帝殖民下，庫頁島原住民愛奴族，被逼放棄游牧生活，接受日帝的皇民化並集中管理，從事砍伐森林、挖煤炭、鑽探石油的工作，讓原住民死傷慘重，是極不人道的殖民地統治行為。

圖中為庫頁島的多蘭港，愛奴族村落被日本人殖民控制之後，充滿了日式建築。

庫頁島薩哈林漁港

薩哈林是庫頁島最大的城市之一，位於庫頁島南部的阿尼瓦灣海灘，日帝稱為「大泊」的豐富漁場，顯得忙碌不可開交。

圖中即為日本人帶領著居民，迎接漁船進港，滿載而歸的樣子。

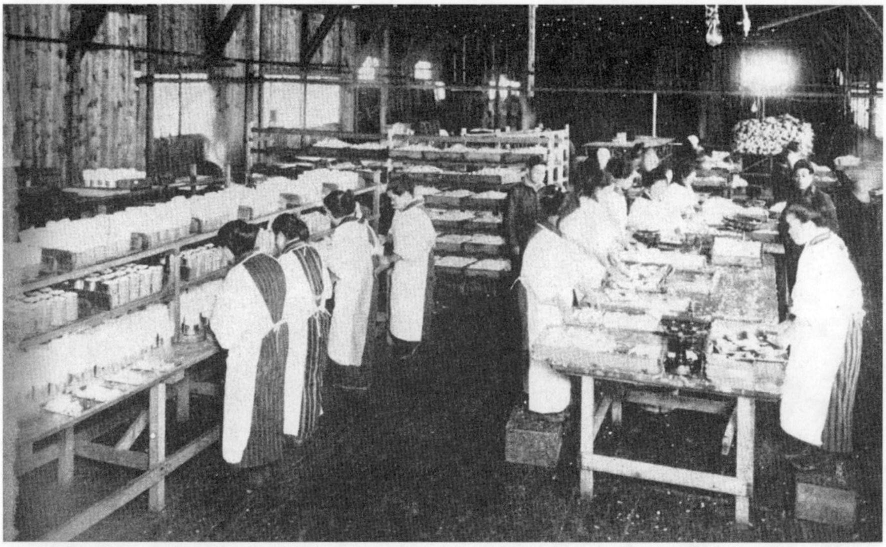

北海道網走魚類生產加工廠

北緯50度鄂霍次克海，每年的2月份冬末來自中國黑龍江的北海流冰會流往鄂霍次克海的最南端——北海道網走市，帶來了豐富的漁產及豐沛的螃蟹、蝦子。戰前日帝左派文學家，小林多喜二著作《蟹工船》，曾深刻的描述這段慘不人道、黑暗的鄂霍次克海海上奴工生活，敘述船上的工人永無天日的工作，派遣員工付出了生命的代價，為日帝賺取外匯，成為被犧牲的一群。因此，作者小林多喜二被日帝祕密警察逮捕，以違反國家法律，當場被刑求而亡，引爆了日帝的社會運動。

圖中的女工，正在為所生產魚類加工，大多數為魚子醬和螃蟹罐頭。

王子製紙株式會社工廠

庫頁島的原始森林，豐富的自然礦產，是日本帝國所夢寐以求，因此，利用森林產業在庫頁島成立最大的王子製紙株式會社，以及富士製紙株式會社，是當時在庫頁島最具規模的重點產業之一。

圖中為昭和初期，在庫頁島的豐原市，為當時最大的行政中心，王子製紙株式會社的工廠照片。

三井礦業株式會社工廠

庫頁島除了豐富的海產、森林外，還蘊含石油和煤礦，日帝1904年統治庫頁島以來，除了動員日帝的資源以外，以強制連行將居住在朝鮮半島的居民威脅利誘騙到庫頁島來從事低階的礦物工作，直到戰後，都回不了家，對朝鮮人來說，這一段慘不忍睹的時期，鮮為人知。

圖中是日帝最大的財團，三井礦業株式會社的礦山工廠。

庫頁島的樺太法院

日俄戰爭持續到1905年，透過美國協調交涉，日俄雙方於1905年8月10日，在美國的樸資茅斯附近開始停戰談判，並在9月5日簽下和平協議，是為《樸資茅斯條約》。內容為日帝和俄國重新瓜分中國的東北與朝鮮半島。條約簽訂後，日帝派代表到中國與清朝政府代表交涉「東三省善後事宜」，通過《中日會議東三省事宜條約》迫使清政府承認日俄《樸資茅斯條約》中給予日帝的各項權利、俄國在中國固有領土，北緯50度以南的庫頁島，及其附近部分島嶼，將一切公共營造物及財產之主權，割讓給日帝。

圖中是日帝正式統治下在庫頁島豐原市所成立的樺太法院，前面為裁判長及通譯人員的合照。

日軍庫頁島所立之國境標誌

日俄戰爭於1904年2月8日，以日帝海軍驅逐艦對駐紮在旅順港的俄羅斯旅順艦隊奇襲（旅順口攻擊）掀開序幕，在艱苦戰役當中，日軍轉敗為勝，取得中國大連旅順重要軍港。同年1904年日軍第十三軍團，受命占領庫頁島，由內藤海軍少將率領艦隊砲擊庫頁島俄羅斯軍隊，歷經三個月以後占領全島。在經過雙方兩國委員裁定之下，俄羅斯將北緯50度以南的土地割讓給日帝。

圖中為日軍占領庫頁島所立的國境標誌。

日軍接收俄國槍砲武器

1904年日俄戰爭，竟然在中國的領土大連開戰，除了雙方死傷慘重，更無辜的是中國的百姓，財物的損失不計其數。

圖中是日軍大獲全勝，獲取了俄國大量的槍砲武器，無形中讓日帝如虎添翼，更增強了日帝的氣焰。

2 琉球

琉球王國自十四世紀中葉開國以來，長達五百年多年的歷史，直到日帝一九七九年以廢藩制縣強行併呑琉球王國，從此在日帝統治下，廢除漢語，禁止和中國交往，長年以來琉球王國的傳統語言和文化，在日帝皇民化教育下，消失殆盡。殖民下的教育政策最高學府只到師範學校教育，並無設高等學府，琉球一直都是淪爲日帝的二等公民，直到美國統治下，才創立琉球第一所大學「琉球大學」。一九〇三年日帝在大阪舉行「第五回勸業博覽會」，在會場中設立一個「學術人類館」，將殖民地的各人種如琉球、朝鮮、北海道愛奴族、台灣原住民、南洋原住民等關在一起，命名爲「見世物」，拋售門票，公開展示，讓帝國臣民公開觀賞，比喻其爲一群野蠻民族、人間動物園，一方面對日本帝國的臣民灌輸優越的帝國主義及封爲優秀大日本帝國人種，展覽之後，在琉球形成了一股反動勢力，並積極跟日帝討價還價，之後在日帝的皇民政策之下，成爲內殖民統治地，表面上消除了野蠻人，實質上是受到不平等與歧視的。

大日本帝國以假文明行野蠻之實，自欺欺人的「八紘一宇」謬論、天皇赤子的邪說，日帝的神話在一九四五年破功殆盡，明治維新成功的背後，殘殺亞洲各國無數人民，在美國政府壓力下，宣布人間宣言，天皇的「萬世一系」謊言終被揭穿，令人不勝唏噓。

美軍登陸琉球本島

1945年3月25日，在沖繩西方大約25公里的地方，慶良間列島被美軍所攻占，日帝為了保護本土，發動了總攻擊，4月1日美軍18萬2千人登陸琉球本島，日帝海陸軍7萬7千人以及在日軍強力動員下強迫琉球人民所組成的義勇隊2萬5千人，再動用了神風特攻隊以及大和戰艦、水上特攻，將日帝殘存的總兵力全部投入對美國的作戰，最後還是被美軍所殲滅，最可憐的還是琉球人民，死傷人數超過10萬人，超越日帝皇軍的死亡率。

圖中為美軍登陸琉球本島的照片，當中有戰車遍布，後面還有許多登陸艦，可見戰事的激烈，美軍勢在必奪。

戰爭下的琉球母親與孩子

1944年6月，美軍成功的占領了塞班島，日帝陸軍第43軍團和海軍太平洋艦守備隊，在馬里亞納群島損失航空母艦3艘、飛機395架，路上的部隊有1萬餘人，在塞班島突擊守備隊，全部戰敗且慘死，島上的住民被日軍逼迫自戕死亡，日軍在戰役中損失了41,244名，美軍3,441位陣亡，因為塞班島戰役的失敗，美軍B29轟炸機開始轟炸日帝的本土，身為琉球的居民，在1879年被日軍所滅亡併吞之後，琉球群島成為日帝本土的守護神，雖然沖繩戰役只有短短的八十幾天，但卻損失慘重，琉球的居民被日軍不當的動員，充當砲灰，更要求對日帝天皇效忠，強迫集體自殺成仁，琉球人民死傷將近20多萬人，死亡人數多於日軍，並未得到任何的賠償。琉球人命運多舛，戰後被美國所占領，而所謂的「復歸」，即1971年再重回日帝的懷抱，至今不能復國，是琉球人民最慘痛的一段歷史。

圖中為戰爭期間糧食缺乏，琉球人靠著甘蔗及野菜充飢，在美軍的收容之下，得以安身立命，媽媽在戰爭中抱著在襁褓中的嬰兒，還牽著另一個小孩，衣衫襤褸、無家可歸的可憐模樣。

琉球墳墓中的孩童

1945年4月23日，在前琉球王國的首都——首禮市，美軍登陸琉球之後，利用燃燒彈作戰，幾乎將琉球群島燒光，琉球人可憐地死於非命。

圖中的小朋友，因為躲在琉球的傳統墳墓裡面，幸運的存活下來，但父母已經不知去向。

戰火下的琉球人民

1945年美軍在琉球的伊江島登陸以後，在飛機場尋獲了大批的老人、婦女、幼兒，因為日帝發動戰爭的波及，成為琉球登陸作戰最慘烈的一次戰役。
圖中琉球人民孤苦伶仃，如同乞丐般，無法正常的過生活，令人不捨，日帝所謂的「天皇的赤子」，盡是一連串的謊言，戰鬥中下令平民集體自殺報國。

琉球愛國在鄉軍人會參拜神社

二次大戰期間，日帝透過戰爭宣傳，在琉球各群島組「愛國在鄉軍人會」，在戰爭期間互相鼓舞，透過聯誼展現軍民一體，不分種族，都是「天皇的赤子」。圖中為在鄉軍人會參拜神社後的合影，象徵對日帝的效忠。

琉球婦女送夫充軍紀念合影

東條英機主政之下，強力主張對外征戰，兵源不足便對殖民地擴充兵源，透過媒體傳播宣揚偉大祖國對外的聖戰，愚民政策下，促使人民勇於踏入戰場為日帝犧牲奉獻。

圖中為琉球婦女在皇民化政策下，穿著和服，歡送丈夫充軍入營的紀念照。

視學官視察學校

日帝殖民下的琉球，被灌輸愛國皇民化思想，琉球民族失去了自己的母語，成為日本帝國的二等公民，在戰爭時竟被強迫站在戰場前方，作為人肉盾牌抵擋子彈，而日軍卻躲在背後，讓無辜的百姓死傷慘重，極不人道。

圖中為日帝皇民化下，視學官視察學校。

神風特攻隊第一位琉球勇士

琉球王國於1879年牡丹社事件之後，正式被日帝所併吞，直到二次大戰結束，仍未能解決國際領土問題。日帝殖民統治下，被灌輸皇民化及精忠愛國思想，在大戰期間兵源不足之下，鼓舞琉球人民勇於為國捐軀，成為皇民化最佳的代言人。

圖中為神風特攻隊成立以來，第一位琉球民族勇士伊舍堂中尉，1945年3月26日，在天皇的感召之下，喝下聖皇之酒，從台灣的花蓮空軍基地駕駛陸軍軍機，在慶良間諸島海域撞擊美軍航空母艦，壯烈犧牲。

樣板英雄大舛中尉表揚會

所羅門戰役之中，日帝在美國的強大火力砲擊下，難以招架，死傷慘重，這是中途島戰役之後日帝在太平洋戰場的再次失敗，也是日帝從戰略優勢走向劣勢的轉折點。

圖中為大舛中尉被稱為「軍神」，在所羅門戰役之中，率領敢死隊果敢的為日帝捐軀，成為日帝陸軍所表揚盡忠愛國的表帥，在全國媒體宣傳之下，被日帝利用成為琉球民族的樣板英雄。

美軍巡視琉球與那國島

1879年琉球亡國，1945年二次大戰結束後成為美國占領地，接受美國統治直到1972年。琉球人的命運再次淪落日本的手中，由日本繼續統治，成為戰後美國及日本的軍事前線，是二次大戰以來未能解決的國際大事，凸顯美日兩國對於琉球王國過去的歷史及命運棄之而不顧。

圖中為美軍接收下，巡視琉球與那國島。

3 朝鮮

近代史當中，最淒慘的兩個國家，一是清朝、其次就是朝鮮，一八六八年明治維新可以說是改變日本的歷史定位，走向對外侵略滅亡他國的一個重大時期，當一八七四年征韓論開始，朝鮮的議題一直環繞在日本人手上，從十六世紀豐臣秀吉出兵韓國失敗以來，對於日本來講是最大的屈辱，因此不忘對於朝鮮的征服與統治，日本苦無機會直到牡丹社事件發生之後，日本嚐到戰爭的勝利果實，當時中國的昏庸，造就了日本帝國主義的興起，緊接而來就是日帝利用西洋的砲艦外交，武力威嚇，利用一八七五年朝鮮國內的動盪，日軍出兵干預，因此效仿黑船事件，一八五三年美國培里艦隊要求日本開商通航，當時美國的船漆上黑漆防止腐鏽，故稱黑船事件，日軍雙管齊下，一方面派重臣脅迫朝鮮，重新簽署條約，另一方面，派森有禮前往中國北京，試探朝鮮宗主國清朝的態度，但清朝對朝鮮與日本的態度，不夠強硬，對於朝鮮問題束手無策，朝鮮內部議論紛紛、內鬥不斷，讓日軍有機可乘，由大院君為首的官員為主，和儒生結盟建議挑戰；朝鮮皇太妃閔妃為首的官員主張開放改革。

最終日軍以武力為後盾強迫朝鮮簽訂不平等條約，史稱為江華島事件，成功打開了朝鮮的國門，從此日軍正式干預朝鮮內政，直到一九一〇年日帝滅亡了朝鮮王國。

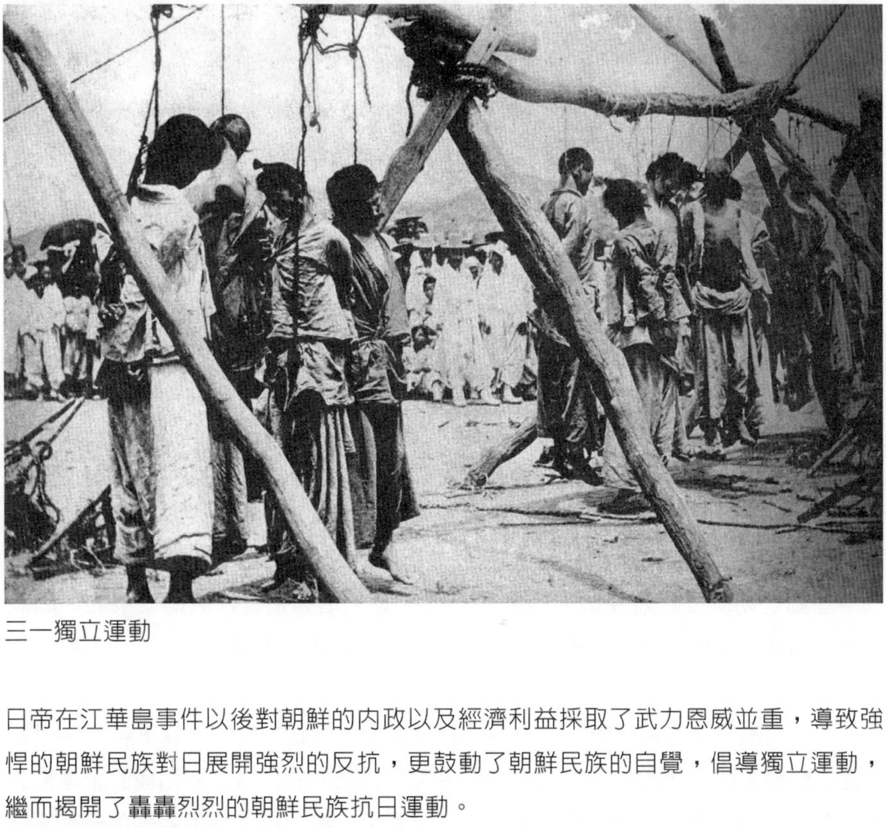

三一獨立運動

日帝在江華島事件以後對朝鮮的內政以及經濟利益採取了武力恩威並重，導致強悍的朝鮮民族對日展開強烈的反抗，更鼓動了朝鮮民族的自覺，倡導獨立運動，繼而揭開了轟轟烈烈的朝鮮民族抗日運動。

圖中為朝鮮獨立三一運動，為朝鮮日帝時期的朝鮮獨立運動，因為發起日為1919年3月1日而得名，亦稱為「三一起義」及「三一獨立運動」。

三一運動《獨立宣言書》

朝鮮獨立人士在京城府（今首爾）發表《獨立宣言書》，宣布朝鮮獨立。朝鮮半島串連展開獨立運動，200萬以上群衆參加反日示威和武裝起義。

三一運動是朝鮮近代規模最大的反日救國運動，增強朝鮮民族的凝聚力。因為三一運動衝擊，使得日本在政治、經濟、文化方面都對朝鮮讓步，被迫改為以文治主義為主的懷柔政策。

圖中左邊為三一獨立運動宣言的內容，右邊為三一運動之父——孫秉熙，19世紀末在朝鮮發生的一次反對朝鮮貴族和日帝等外國勢力的介入，所引發的東學黨運動，激起了農民武裝起義，也成為中日甲午戰爭的導火線。孫秉熙是東學黨運動的支持者，更是反日帝統治的急先鋒，也是愛國主義者，在日帝併吞朝鮮之後的第2年揭竿起義，提出了三一運動《獨立宣言書》，影響朝鮮的政治深遠。

安重根受審

安重根生於1879年9月2日，死於1910年3月26日，是擊斃日帝首任內閣首相——伊藤博文（擔任帝國首任的朝鮮總監，是野心勃勃的明治大帝的劊子手）的兇手，日帝占領侵略下的朝鮮，並沒有隨著二次大戰日帝戰敗之後而結束，反而分裂成為兩個國家，這一切都是源自日本帝國的野蠻。安重根是北朝鮮與韓國共同尊敬的民族英雄，1909年安重根在中國的哈爾濱車站，在日帝以及俄軍秘密警察重重保護下，卻能殺出重圍，當場擊斃伊藤博文。此事件激起朝鮮的民族意識，更震撼整個世界，對日本帝國來說，是一件天大可恥的事情，最終安重根被日軍抓到旅順監獄絞刑處死，死後更激起了朝鮮人的抗日意志及民族偉大情操，戰後韓國幫他蓋了一個紀念館，並列了伊藤博文的十五大罪狀：

1.殺死明成皇后2.廢黜高宗皇帝3.逼簽乙巳條約4.屠殺無辜的朝鮮人5.以武力篡奪朝鮮政府權力6.掠奪朝鮮鐵路、礦山、森林和河流資源7.強制使用日帝紙幣8.解散朝鮮軍隊9.阻礙朝鮮教育10.禁止朝鮮人留學國外11.沒收和燒毀朝鮮教科書12.向世界各地傳播朝鮮希望日帝保護的謠言13.欺騙日本天皇，說朝鮮和日帝之間的關係是和平的，實際上卻是充滿敵意和衝突14.破壞亞洲和平15.暗殺孝明天皇。

圖中桌子右手邊正面為安重根，此為安重根受審的照片。

日帝徵兵宣傳

日帝對朝鮮殖民統治下，恩威並進，在皇民化下，部分的朝鮮人被日軍所利用，「強制連行」到各殖民地及日帝本土擔任低俗的工作，受盡大和民族的侮辱與歧視，還有部分的朝鮮人在威脅利誘下，擔任了日帝的充員兵，前往海外作戰。
圖中是日帝情報局所發布的愛國宣傳照，1944年日帝戰爭末期，強行徵兵的照片。

朝鮮獨立門

圖中為朝鮮獨立門，位於首爾西大門外，象徵著中、日、韓一段歷史的過去，去了清朝來了一個更可怕的日帝。原本是為了迎接明朝和清朝使節的迎恩門，也是朝鮮國王親迎中國使節的地方。1895年清朝甲午戰爭失敗以後，1896年朝鮮愛國組織獨立協會，為慶祝朝鮮自清朝獨立，重新修建獨立門，為象徵國家重大事件的場所。另外迎恩門旁的清朝使臣之驛館「慕華館」改建為獨立協會的辦公室。現今，獨立門前只剩下迎恩門的兩個門柱而已。

教育敕語起草人等

朝鮮自古以來，以儒學科舉為國家考試重要的制度，日韓合併以來，教育的制度就被日軍所箝制，所謂的日帝的愛國《教育敕語》，是日本明治天皇頒布的教育條文，主要宗旨以愚民統治，皇民教育及愛國教育為出發點，尊皇忠良愛國的情操，成為日帝戰前最重要教育之不可侵犯的主軸。

圖中為《教育敕語》起草，由陸軍軍頭山縣有朋等人負責，並於1890年10月30日頒布。

北海道的朝鮮勞工

日帝併吞了朝鮮之後，朝鮮人百般的抗日犧牲性命，死傷無數，但在日帝武士刀吆喝下，部分可憐的朝鮮民衆，老弱婦孺被強制連行到日帝的偏遠地區從事勞務。

圖中是朝鮮人被帶到北海道，付出高度的勞力，從事挖煤炭的工作，卻只獲得廉價的報酬，那是大和民族所不願意做的粗活，可憐的朝鮮勞工，凍死異鄉，慘不忍睹，範圍甚至延伸至庫頁島。

日帝嘉仁親王出訪朝鮮

1907年日帝東宮嘉仁親王出訪朝鮮，日帝大陣仗由海軍有栖川威仁親王、東鄉平八郎、桂太郎等陪同，由朝鮮的仁川登陸，訪問朝鮮的皇帝與皇太子，進行一場政治要脅，希望促成日韓合併，在場有韓國統監伊藤博文、長谷川司令等。

1910年，日韓正式合併，導致朝鮮王國的滅亡，使得朝鮮半島成為日本領土的一部份，朝鮮總督府成為日本在朝鮮的最高統治機關。直到1945年8月15日，日帝戰敗投降，之後接受發表《波茨坦公告》後，才失去對朝鮮半島的實質統治權。

圖中為日帝併吞朝鮮後，日帝皇太子嘉仁（大正）與朝鮮皇室的終結影像。正中央留八字鬍者為嘉仁皇太子。

日軍入侵朝鮮國都首爾皇宮

1875年江華島事件，日軍在征韓論與征台論之間引爆的次年，日軍借朝鮮國內動盪的局勢，出兵要脅朝鮮內政。朝鮮閔妃傾向於開放。1874年9月，閔有意與日本接觸和學習，後來又出爾反爾，導致日本認為朝鮮沒有誠意，為了加快打開朝鮮國門，便學習歐美國家的「砲艦外交」，1874年牡丹社事件之後，日軍再次挾著餘威，想以軍事武力干預他國的內政，獲取自己的利益，成為併吞朝鮮的一個前奏曲。

圖中為1910年日軍入侵朝鮮，大舉進軍國都首爾。日帝和朝鮮本為世仇，大和人處心積慮想要併吞朝鮮，自江華島事件後，更藉經濟議題強迫朝鮮開放門戶，以達日帝侵吞的政治陰謀。

日軍對朝鮮情報員行刑

1904年日俄戰爭爆發以來，日軍借道朝鮮進攻蘇聯在中國的部隊。
圖中為當時被日帝懷疑幫俄國人收集情報的朝鮮人，被日軍帶到刑場砍頭的殘酷照片。

朝鮮人被強制於北海道勞動

1910年8月29日，大韓帝國正式滅亡，朝鮮成為日帝殖民地。朝鮮的反抗之士從未間斷，併吞以後，日帝在朝鮮行使殘酷的殖民政策，日帝以低廉的工資、廉價的勞工強制朝鮮人從事鐵路等建設的工作，為日帝貢獻，讓朝鮮民族付出了慘痛的代價。

圖中為朝鮮人被強制到北海道甚至庫頁島勞動、也至日帝的東北地區從事粗重的礦坑工作。

反日通緝犯公告

當日帝併呑朝鮮以後，朝鮮的抗日運動從不間斷，在1919年，朝鮮發動了有史以來最大的全民性反日救國運動，稱為「三一運動」，朝鮮民族付出了慘痛代價，但也讓日帝在政治、經濟、文化方面都對朝鮮作出讓步。

圖中為被日帝處予極刑的抗日運動者，以及在朝鮮安東地區慶尚北道地方檢察廳所公告的反日通緝犯。

朝鮮抗日者首級

圖中日本人殘酷的殺害朝鮮的反抗之士，並將屍首高掛展示於大衆，以此殺雞儆猴，但卻絲毫不能澆熄朝鮮的抗日之心。

4 滿洲

日帝成立以後，以戰爭起家賺取外匯，比如：牡丹社事件，賺了中國五十萬兩；甲午戰爭，再獲得清朝賠款，換算爲日幣大約爲三億五千萬，當時日本帝國一年的國家預算不到八千萬，以當時戰爭的收入，讓日帝躺吃躺睡，人民不需要繳稅，都可以多活四年，因此嚐盡戰爭利益果實的大和民族，相對過去的貧窮，財源的缺乏，戰爭所得到的成果，是日本自開國二千多年以來，最豐盛的年代，因此，「戰爭」這個名詞可以化爲日本帝國重要的一環。

一九一八年日帝發生糧食危機，米的價格波動引起恐慌；緊接著一九二三年的關東大地震，國家人民損失慘重，是明治維新以來，大日本帝國最嚴重的危機，因此，政客們積極挑動對中國的侵略與干政。田中義一自一九二七年就任日本首相後，便極力爲日本帝國尋求資源以養活人民。積極部署一連串侵略中國的謀略，在一九一八年到一九二四年擔任陸軍部長期間，積極干預俄國內政，曾企圖占領西伯利亞，野心勃勃的一路進攻到伊爾庫次，藉機想從西伯利亞包圍中國東北，狡詐的獲取更多利益。

日本帝國在二次大戰戰敗之後，幸運的躲過中國以及韓國的賠款，在美國金援支持之下，快速的重建，加上五十年代韓戰以及六十年代越戰的爆發，美國急需日本的協助，所以戰後的日本政府恢復迅速，又得到一筆戰爭財，因此一九六四年，舉行東京世運會，象徵著日本帝國戰敗後的重建。

這一連串象徵某種戰爭主義、「戰爭財」在大和民族及部分的政客中，留下永遠願景。

日軍進入齊齊哈爾城

一次大戰以後，日帝經濟大蕭條，緊接著關東大地震，米的騷動，物價高漲，日帝的種種財政緊縮，帶來前所未有的大恐慌，因此日帝為了解決國內的暴動，以及經濟的不振，當時鷹派首相田中義一，提出國粹主義，更在1927年，以「滿蒙政策」為目的召開「東方會議」，最後以《對華政策綱領》作為結論。《對華政策綱領》提出將中國東三省及內蒙地區時稱「滿蒙」和「中國本土」分離對待政策，爾後排除國內各種障礙，轉移焦點，大舉進軍中國東北，建立滿洲國，開拓日帝新的經濟財源，解決日帝長期貧困、糧食不足的問題。

圖中為1931年，日軍第二師團進入齊齊哈爾城，軍隊排列整齊，帶著樂器，展現出神氣凜然的樣子。

日軍追悼亡魂

1931年，日帝處心積慮想建立自己的附庸國，因此，大舉進軍東北，假藉滿人被亡國的傷痛，擁立溥儀建立新王朝，九一八事變之後，日帝關東軍全力將砲火對準東北，戰爭相當的激烈，日軍一時損失慘重，再由日帝內地增援第十軍團及第八軍團混合，出兵中國東北錦州，蔣介石讓東北軍固守錦州，但張學良卻棄守並帶領東北軍約40萬人退入關內，1萬多名東北軍、將士因遵循張學良的命令，要求所率領的東北軍避免衝突，而未行使軍事抵抗。事變發生後，導致東北淪陷，日軍很快侵占東三省全境，建立滿洲國傀儡政權。

圖中為日軍守備第六中隊，12月25日在戰事發生告一段落之後，面向東方的日本帝國大呼萬歲追悼亡魂。

日軍古北口入城

九一八事變以後，日軍進入熱河省，此地為內蒙與關內滿洲的交通要塞，日帝大舉進京，一方面控制要塞，一方面耀武揚威，從古北口入城，全面控制承德市。熱河戰役首先於1933年1月爆發，為位於榆關的大型戰鬥。張學良以保存實力為由，退居山海關之內，積極謀求抵抗。日帝軍隊駐守長城外，占領熱河直取北京態勢相當明顯，就整體而言，日軍奪取重要的戰略位置，是想藉由攻擊北京行動，換取中國國民政府對滿洲國的承認。

圖中為日軍由古北口入城，1939年，日俄再次於中國領土上為蒙古利益爆發哈拉哈河戰役，日軍慘敗。

奉天忠魂碑

日帝增援軍第八軍團，順利操控熱河的承德市之後，在城內為戰死的日帝將士建立奉天忠魂碑。

圖中後方為忠魂碑，且設有鳥居，其猶如慰靈塔般的象徵顯現日本人野蠻中夾帶著文明。

日帝軍頭石原莞爾

1931年滿洲事變以後，對日帝來說，是走入亡國的第一步，所謂的「王道樂土，五族協和」，只是一種騙局，藉此分裂滿漢一家的藉口。

石原莞爾身為關東軍的副參謀長，精心策劃侵略中國的陰謀，是日帝陸軍軍國主義的狂熱份子之一，雖然文才備受肯定，卻因為和東條英機理念不合，悶悶不樂且不得志，在戰爭末期，為了逃避國際法庭的審判，並且躲避被判死刑的可能，而發表了「我們的世界觀筆記」和「新日本的出路」，寫出了讓日帝「放棄戰爭」的理念，並提出建設「不要戰爭的文明」，戰敗後因此躲過死刑。

圖中為關東軍不費吹灰之力、未失一兵一卒，就占領東北，這完美的計畫，即出自於石原莞爾，更是拜張學良所賜。正中間即為石原莞爾得意洋洋的樣子。

滿洲國建國大合影

1932年2月5日，哈爾濱城被日帝所占領，日帝為了早日豎立滿洲國政權，於同年2月16日，馬占山乘坐日軍飛機由哈爾濱飛往奉天的大和旅館，出席者有關東軍首腦，黑龍江省省長「張景惠」、奉天省省長「臧式毅」、吉林省省長「熙洽」及馬占山（此後就任黑龍江省省長）到奉天舉行四巨頭會談（即為滿洲國建國會議）。2月17日，由張景惠就任委員長的東北最高行政委員會成立。2月18日，該委員會發出電文，宣布東北地方脫離國民政府。3月1日，東北最高行政委員會在張景惠家中通過「滿洲國」建國宣言，滿洲國誕生。馬占山任黑龍江省省長，並於同年3月9日兼任滿洲國軍政部部長。

圖中為奉天大和旅館前的滿洲國建國大合照。

上海百姓抵抗日軍搜索

1931年，上海事變以後，若槻內閣下台，日帝新內閣犬養內閣上台，同年的1月8日在日帝發生了「櫻田門事件」從上海到日帝的朝鮮抗日英雄——李奉昌，在看完日帝的閱兵式結束後，向日帝昭和天皇投擲手榴彈，事件後青島的國民黨民國日報，報導「義士‧李某」，因此在上海開始了排日抗日的活動，引起日方的不滿。

圖中為在上海的北四川路，日帝的租借地，日兵拿著武器搜索民宅，中間兩位著白色衣服者為日帝的便衣警察，後方聚在一起者為中國百姓，正抵抗日軍的盤問及搜索。

國都建設局大樓

日帝占領中國東北地區後，結合部分清朝宗室在中國東北地區建立「滿洲國」。首都設於新京（今長春），1945年8月後遷至通化（今吉林省白山市境內）。領土包括現今中國遼寧、吉林和黑龍江三省全境（不含關東州），以及內蒙古東部、河北省承德市（原熱河省）。

圖中為滿洲國國都「新京」，大同廣場前的政府廳舍，1934年1月命名為國都建設局大樓。

第五章

太平洋戰爭的野望

1 日軍不允許的祕密照片

日本帝國成立以後，除了對外侵略戰爭，對內更是嚴厲的監控，日帝明治天皇對日軍「頒布勅諭，強調軍隊爲天皇效忠始自神武天皇的恩賜，是長久日本的君權神授」因此對於反戰份子以及共產黨社會主義人士嚴加控管，導致日本國內到處是秘密警察，嚴格看管異議份子，對於國內外的資訊，有相當嚴厲的監控，爲十足的警察國家，在日本國內嚴格監控之下，政治謀殺，殘害忠良，成爲日帝管制異議份子的手法。甲午戰爭時李鴻章到達下關談判，日帝派出刺客開槍射殺清朝的特使，日帝第一位民間首相原敬被政治謀殺，以及左翼文學家小林多喜男也被刺客所殺害，可見日帝控制政治環境下，言論自由對老百姓來說是不可奢求的事。依據《台灣總督府警察沿革誌》記載，大東亞戰爭後，依比例每十五位台灣人配置一位警察，以監控台灣百姓的行爲舉止。日帝表面上對台灣採取懷柔政策，卻又怕台灣百姓心向祖國，存有反抗之心，因此表面上雖未頒布戒嚴令，實際上卻以在台灣增設警察人員來監控百姓。特別是媒體上的新聞照片都必需接受日本軍部的許可，方能刊載。這一系列照片，都是在當時不允許使用的畫面，有一些可能涉及到日本的機密以及國際間所不被允許的圖片。

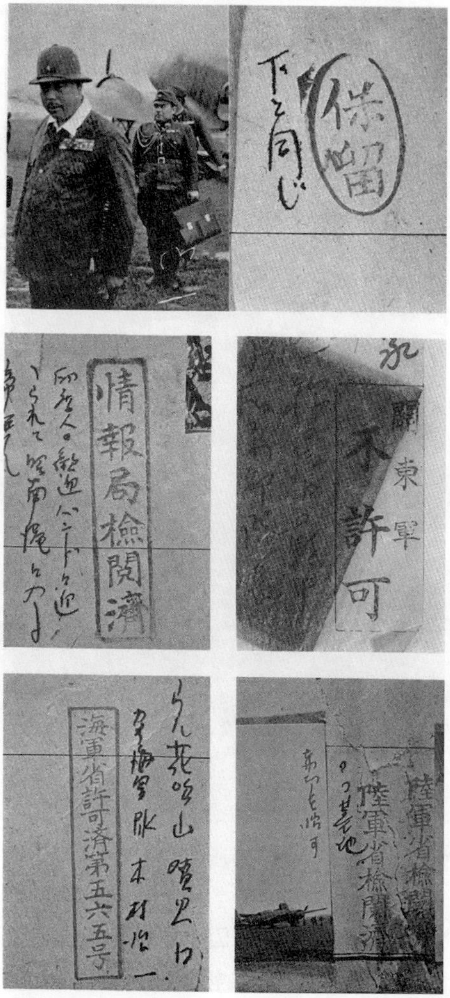

新聞照檢查印鑑

日帝軍部當時檢查照片的印鑑，嚴格監控新聞媒體的言論自由。

日軍以刺刀威逼中國士兵

滿洲事變以後，吳淞砲台位於黃浦江河口，日軍的羽田部隊渡邊中隊所逮捕的中華民國政府士兵，此為不允許對外公開的照片。

圖中日帝軍隊拿著刺刀，對著中國的殘兵。

殺害日人的中國嫌犯

1932年，上海事變以後，日軍除了占領上海以外，大量使用中國的廉價勞工。圖中蒙上眼睛的中國人，為涉嫌殺害日本人的嫌疑犯，但極大可能是代罪羔羊，被日帝便衣警察所逮捕，第二天就被公開殺害。

遭日軍逮捕的緬甸獨立義勇軍

翁山是帶領緬甸獨立的領袖。1942年，翁山接受日帝的援助，協助日帝攻打緬甸的英國殖民政府，以推行民主政治來結束英國的殖民統治。不久後，翁山懷疑日帝不會給予緬甸獨立，1943年之後，日帝如所願在緬甸成立傀儡政府，強迫緬甸簽署「委任」統治，到頭來是一場騙局，於是改為與盟軍合作。第二次世界大戰結束日本帝國無條件投降後，翁山成為緬甸的總理，與英國展開有關緬甸獨立的談判。但在緬甸獨立前，翁山被暗殺身亡，此後被緬甸人民尊稱為國父。翁山的女兒是緬甸民主運動領導人翁山蘇姬。

圖中為1942年，日帝占領緬甸，日軍第15軍第二師團濫殺無辜，其中逮捕一批緬甸人，為緬甸的獨立義勇軍，他們都是反對日帝占領緬甸而被日軍的憲兵所逮捕的獨立英雄。此照片不為日帝所許可使用，深怕影響日帝的形象。

日軍屠殺中國士兵

1937年，七七事變之後，日帝大舉進攻侵略中國，日軍增援六個師團，其中編制兩個師團為上海派遣軍，從吳淞川沙鎮登陸，展開對中國的殺戮。

圖中顯示日軍的竹下連隊逮捕了中國士兵，用鐵絲網綁住，後展開集體屠殺。

戰死的中國士兵與日軍戰車

1932年3月1日，日本軍建立了滿洲國之後，穿越了長城，往古北口的方向作戰，中日雙方激戰，中國損失慘重。

圖中為戰死在路邊的士兵，後面為日軍的92式重型戰車。

輕浮日軍逮捕中國從軍護士

圖中是中華民國抗戰期間從軍的護士，1939年五月在漢口西部的湖北戰線，被日軍所逮捕時一臉無辜的樣子，左邊日軍插腰叼著香菸，洋洋得意的樣子以及好色的嘴臉，一付戰勝國的驕傲臉孔。

滿洲國張景惠巡視戰場

張景惠出生為低階士兵，在張作霖的提拔下扶搖直上，並受國民政府的重用，1928年6月，隨張作霖前往皇姑屯，卻幸運躲過一劫，之後，受日帝利誘成為滿洲國總理。

圖中央為1939年7月22日滿洲國國務院總理張景惠，搭乘飛機巡視戰場，由日軍小松原（左一）第二師團長陪同，其實在掌控滿洲國。

日軍於廣州逮捕中國正規部隊

圖中為1938年10月19日，日帝在大東亞戰爭占領了廣東，於廣東市的東方20公里左右的增城東門橋附近逮捕中華民國的正規部隊，正規部隊所持的是德國的裝備及英國式的武器，最年輕者才15歲。

日軍接收英美上海租借地

美國海軍戰艦「烏旗號」及英國的海防艦「麥多倫號」被日軍所擊沉。1941年12月25日，「烏旗號」被命令封鎖漢口海軍基地，並朝上海方向前進，不料在海上遇到日帝海軍巡洋艦「出雲號」的包圍砲擊，危機重重，但英國海軍艦長不願意投降，日軍便擊沉英國海軍艦隊。

圖中是日軍獲得了勝利，取得英美在上海的租借地，日帝陸軍在上海南京路上，急忙出發去接收此租借地。

日軍於新加坡盤查英國人

1942年2月8日，日軍順利占領了新加坡，開始行使逮捕、殺害華人5千人以上，英國曾出兵相助，但最終告失敗。

圖中日本兵手持手槍，正在盤查英國人。

日帝憲兵隊審問中國士兵

1937年日帝正式展開對中國的侵略，從日帝國內增派三個師團到天津作戰。圖中為8月8日，中國的士兵被抓去憲兵隊審問，左邊為充當翻譯的人。

日帝於海南島逮捕中國抗日軍

1941年日軍勢如破竹，占領中國海南島，並在海口市逮捕中國抗日軍。圖中為日帝將他們一個個綑綁串聯，帶往集中營處決。

2 太平洋戰爭

一九四一年十二月八日，日帝聯合艦隊，對美國開戰，並偷襲珍珠港，造成美國有史以來最大的創傷，四天以後中國正式向日帝宣戰，統稱太平洋戰爭（日稱：大東亞戰爭），日帝形成腹背受敵之勢，陰險取巧的日帝政府，一方面對美國作戰、另一方面應付中國的戰場，回顧日帝從一九三一年到一九四五年侵略滿洲以來，長達十四年的戰爭，帶給了雙方最大的耗損死傷，日帝除了建立傀儡滿洲國，並沒有多大的成果或收穫，這也是日帝走向敗亡的最大徵兆。

日皇派出的特使，首先跟宿敵俄羅斯簽訂互不侵犯條約，確立日帝的北方不受攻擊，這也是日帝軍國政府的一項陰謀，不料在戰爭末期，一九四五年八月八日，俄羅斯突然向日帝宣戰，以迅雷不及掩耳的攻勢，在中國的東北擊敗日帝所標榜的「最勇猛關東軍」打得潰不成軍，就像一隻紙老虎。在中國戰區六十萬大軍成為俄國的戰俘，並帶往西伯利亞勞改，其中有部分無辜的台灣老兵也同時間被帶往西伯利亞，但幸運的是全數安全的回台灣，日軍戰俘死傷接近六萬人之多，其無辜可憐的為日本帝國的暴行付出寶貴青春生命，倖存者直到一九五六年才遣送回國完畢，這一段歷史見證他們是日帝皇軍在二次大戰結束後，唯一受到懲罰的一群。

台灣人充員兵在日帝皇軍利誘下充當炮灰，除了南洋一帶以外，東北滿洲也有。本人曾多次前往調查，這些台灣人充員兵在戰後隨著日軍被送往西伯利亞勞改，部份在哈巴羅夫斯克以及赤塔等地。

女子挺身隊在鐵道從事苦力

1943年日帝在東南亞的作戰已經節節敗退，在聯軍的反攻下，日軍作戰從攻勢演變為守勢，一時間窮途末路，考慮到後勤動員，以及軍事用品的補給，因此在全國及殖民地發起了「國内必勝，勤勞對策」，舉凡售貨店員、車掌、理髮師等17種要職的男性不得就業，一律停止工作，擔任國家無償的勞工；未滿25歲的女子擔任「女子挺身隊」，24小時輪班工作，對於戰爭的惡化，產業的不振，提供競爭力。圖中因為戰爭大部分的男性都被徵召從軍，剩下女性們充當女子挺身隊，在鐵道從事苦力的畫面，看出當時戰爭的情勢不佳，社會也大受影響。

日帝女學生帶槍穿軍服遊街

日帝對外作戰以來，勞師動衆，在1937年推行「國民精神總動員」政策。1937年7月7日盧溝橋事件後，近衛內閣在8月24日通過國民精神總動員運動，目的是形成輿論為全面作戰準備。隨著第二次世界大戰乘勢而起的日帝東條英機內閣，由於戰況失勢，被迫在1944年7月19日，向裕仁天皇呈遞內閣總辭，後任杉山元成立小磯內閣，決議「國民總武裝」，當時日帝已經彈盡援絕，戰爭情勢十分不利，已到了不可挽回的地步。在國內，哪怕只是竹槍，都要跟聯軍作戰到底，灌輸為天皇捐軀都在所不辭的軍事思想教育。

圖中為戰爭末期，軍人大量銳減時，不僅僅是男性，連日帝的女學生都帶著槍，穿戴整齊的軍服，遵守紀律的在街上遊街，向全國人民顯示戰事依舊讓人看好的局面，實際上只是日帝為了安定民心而做的。

日帝女性持竹槍接受訓練

當時的日帝軍政府，對百姓灌輸一種思想，如果不戰鬥到底，為國軍捐驅的話，可能會被美軍強姦侮辱而亡，為一種軍事愚民教育。

圖中為日帝職場的女性，在上班期間，利用空暇之餘，接受愛國訓練，手持竹槍練習刺槍術的照片。

札幌市迎接戰死者骨灰

1942年10月位於美國阿拉斯加州的阿圖島被日軍占領，1943年5月，美軍為了拿回這塊屬地，出兵阿圖島與日帝展開阿圖島戰役，這是二次大戰中唯一在美國領土屬島的陸上戰鬥，阿圖島對美國來說，為自己的領土，所以勢必要奪回阿圖島，因此美軍準備周全，強勢的攻擊，讓日帝占領軍指揮官山崎保代及士兵等，全員傷亡。

圖中為1943年5月29日在北海道的札幌市，全市動員迎接戰死者骨灰，為一種愛國教育，激起市民的同仇敵慨，是一種手段，也是一種英雄式招魂。

小飛行兵回母校做愛國宣傳

日帝在戰爭的末期，在「勤勞奉仕工廠法」戰死特別條例的限制下，雇用少年、女子工到軍事工廠從事生產工作，戰爭期間學校荒廢，無法教授課程，忙於疏散，被動員的年輕航空兵，除了訓練之外，最大的樂趣就是回到母校接受訪問，並且接受大家的歡呼與表揚。

圖中左一為宣傳飛行兵，年紀非常的輕，看起來和旁邊的小朋友無異，是愛國教育悲慘的一角，他被派回母校，為日帝宣傳愛國教育的一種手段，也看出了戰事末期，兵源年紀愈來愈小的情形，這些孩童尚未成長，就被派去戰場，實在可憐。

日帝於索羅門群島夜襲美軍基地

太平洋戰爭中日帝死傷最慘重的一役，日帝於1942年1月攻占索羅門群島，以此為向南進攻澳大利亞的野心跳板，因此盟軍勢必反抗瓦解日帝的野心。8月美軍在瓜達爾卡納爾登陸，兩軍開始交戰。1943年，日軍慘敗，這也是扭轉太平洋戰爭重要的一役，讓日軍得到慘痛的教訓，經過3年的戰爭，日帝最終在1945年全員撤出索羅門群島。

圖中為1945年9月12日，日帝6千名增援軍，利用晚上夜襲美軍基地卻失敗。戰爭都是殘酷的，不管戰爭的情勢如何，兩方勢必會有諸多傷亡，為了帝國政府的野心，犧牲的卻都是一般平民，這些戰死的士兵，讓人感到十分鼻酸。

東京小學童於松井田車站

根據日帝所實施的國勢調查，在1940年發動太平洋戰爭之前，日帝人口的總人數大約是7,300萬人（含殖民地），因此在發動太平洋戰爭之後，日本人在同年6月喊出「一億玉碎方案」，以建立2,600萬人民的志願役為主軸，當時戰爭糧食不足，飢寒交迫，但在日帝的大口號之下，為了解決勞動力、人力的不足，以及生產力的需求，鼓勵人民多多生育，報效國家。

圖中為1945年8月4日，日帝投降前夕，東京的小學童在命令之下，到鄉下避難（疏開），由日帝上野出發的火車，到達松井田車站，在地的小朋友揮旗歡迎他們。

日軍空襲香港

1941年12月8日，珍珠港事件當日，日帝軍隊由酒井隆指揮從深圳進攻香港，日帝第45航空隊飛行轟炸九龍半島以及香港的啓德機場，駐守在香港的英國空軍幾乎被滅亡，防衛香港的英國及印度兵大約1萬人，備戰了半年之久，卻一夕之間被日帝打敗占領。

圖中為日軍空襲香港的照片。

日軍利用大象運輸補給品

1942年日帝第15軍越過泰緬邊境，侵入緬甸。在英國的求助下，中國集合精銳遠征軍約10萬人向緬甸支援作戰。在這之前緬甸首都仰光已被日帝攻占。遠征軍第200師與日軍在緬甸同古展開交火。日軍在飯田祥二郎指導下率優勢兵力包圍了同古，迫使中國遠征軍突圍。不過，孫立人新編第38師與33師團與日軍於4月17日激戰3天，為英國解圍，讓日軍的進攻，更加的困難。

圖中為1942年5月，日軍疲於奔命，候補資源糧食部隊利用大象運輸資源的照片。

金屬獻納

日帝對中國作戰以來，一開始勢如破竹，節節勝利，但中國土地遼闊，交通不變，在蔣介石的以空間換取時間的戰略之下，確實困住了日帝的前進。

圖中描述戰爭以來，日帝糧食補給不足以外，金屬原料也缺乏，因此在全國各殖民地舉辦「金屬獻納」運動，將家中煮飯的鍋子、金屬用品，全部強行徵收，作為軍用。

日帝小學生接受劍道訓練

1941年日帝戰敗之前，由於死傷慘重，兵源不足，大日本帝國將腦筋動到學生的身上，大量宣傳皇民化，以及對天皇的盡忠等軍事愛國教育，在日帝全國各地包含殖民地，對國民小學的學生、中學生、高中生從事軍事教育訓練，灌輸為國家奉獻的思想。

圖中為1942年4月在靖國神社前，軍事教官對小學生從事日帝劍道的軍事訓練。

日帝小學生聆聽愛國教育

1942年在東京的中目黑國民學校。日帝不斷灌輸所有學生愛國教育，進行軍事教育訓練。

圖中為小學生整齊劃一的排隊蹲下，認真的聆聽教官給予的教育觀念，從小訓練培養效忠國家的精神。

阿圖島陣亡日軍

1943年5月12日阿圖島戰役，美國帶一個師團進攻，日軍山崎保代在5月29日向作戰本部發出最後一封電文，報告大約只剩下不到一排的殘兵，但還是決定對美軍發動突擊，以玉碎報答皇恩。

圖中為日帝的士兵，大多數都戰死沙場，戰爭中被當成活教材，成為大肆宣傳日帝皇軍的愛國教材。

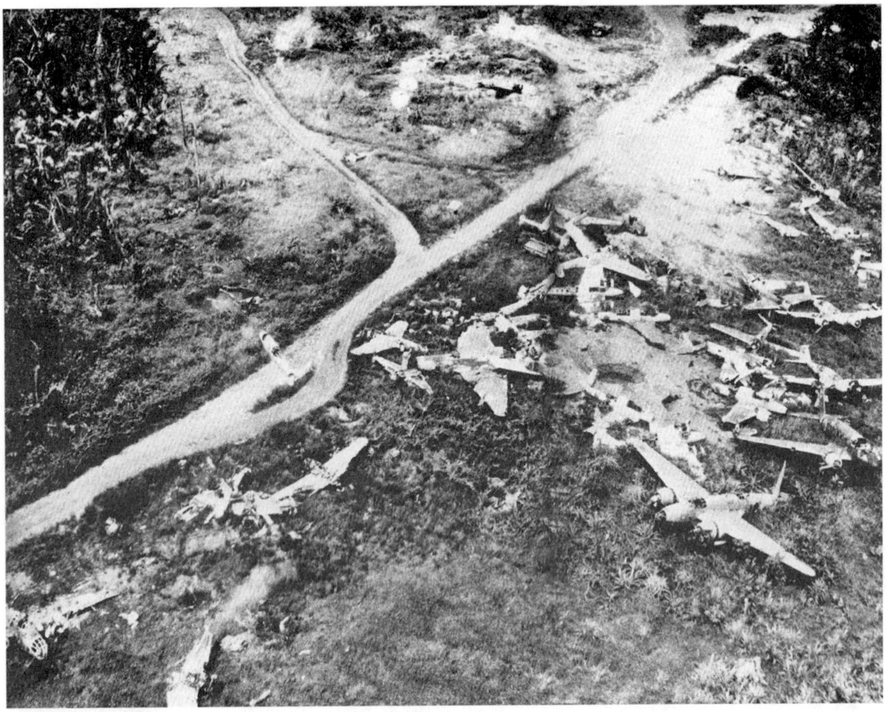

日軍戰鬥機殘骸

新幾內亞戰役，是太平洋戰爭期間最終的轉捩點，日軍初期占領新幾內亞，目的在於進攻澳洲，為了防止日軍進一步入侵澳大利亞，美澳盟軍於1943年6月開始到1944年7月，在新幾內亞及其附近島嶼對日軍實施進攻戰役。日軍在瓜達爾卡納爾島和巴布亞半島受挫後，因為節節敗退，死傷慘重，在新幾內亞東北部地區持續不斷增加兵力，企圖建立一道固守拉包爾的外圍防線。盟軍預期先收復新幾內亞，特別在吉爾伯特群島以及塔拉瓦島讓日軍損失300多架戰鬥機，並失去制空權，為盟軍奠定了勝利的基礎。

圖中為日軍遭美軍空襲後的戰鬥機殘骸。

東條英機内閣合影

1941年11月16日，日帝臨時國會通過東條英機内閣，這張照片是日帝軍國主義全盛時期，所領導的日帝戰鬥内閣，發動太平洋戰爭對中國的侵略，剝奪殖民地資源、強迫從軍，充當日帝的砲灰，直到1944年7月19日下台，一生惡貫滿盈，在東京大裁判被判死刑，終結他一生的功過。

圖中為日帝軍國主義，第40任東條英機内閣合照。

美軍登陸硫磺島

1945年2月19日硫磺島戰役爆發，是太平洋戰爭中最激烈的戰鬥之一，死傷慘重，期間日帝堅守硫磺島，但美軍最終還是將其攻破。戰役中美軍共犧牲6,821人，而日本22,786名士兵之中除了1,083人被俘倖存之外，其餘全部陣亡，此戰役對於日帝的本土作戰有極度重要的戰略位置，因此作戰本部要求栗林忠道帶領日軍死守硫磺島，但仍舊被美軍攻破。

圖中在槍林彈雨之中，美國陸戰隊登陸作戰的情形。

日帝女學生歡送航空隊

神風特攻隊的出擊，日帝大和民族利用琉球人護土護民的愛國心，在美軍進行琉球登陸作戰時刻，利用台灣的花蓮空軍基地，響應琉球人回鄉報國，特攻第一號琉球人伊舍堂光榮的起飛，慘死在美軍的砲火之下。

圖中為日帝陸軍特攻振武航空隊，要起飛之前，女學生手拿櫻花枝歡送航空隊的畫面，畫面雖看似感人，確是因為國家不當的政策，犧牲了許多年輕人寶貴的性命，令人不勝唏噓。

日帝為學生兵舉行出陣式

1943年東條英機，在南方的作戰節節敗退，日帝的戰神山本五十六大將，在1943年4月18日，從拉包爾起飛前往索羅門群島布幹維爾島附近的野戰機場，所乘軍機被美軍擊落，導致墜機粉身碎骨，對日帝來說是一個重大的損失，因此人員兵力耗損，死亡慘重。日帝除了在殖民地徵召志願軍，為日帝效忠之外，更在日帝內地將腦筋動到了學生的身上，成為充援兵，大約有35,000人以上被動員。

圖中為受愛國教育所利用的學生兵，在明治神宮外苑，舉行出陣式，包含東京都77所學校響應，看起來意氣風發，但下一秒就要投入戰場，成為戰火下的砲灰。

3 學生兵

在明治維新以前曾是反德川幕府的戲碼，赤穗事件演劇作品「忠臣藏」，描寫淺野匠頭在花樹下切腹自殺時花瓣落下的景象，之後卻變成強調對國家即是對天皇的忠誠之心，到了近代櫻花被讚揚成軍士官對天皇犧牲奉獻生命的美麗花朵。

日帝在第二次大戰中的學生兵（日本稱學徒出陣），被軍國政府洗腦，只要爲天皇犧牲就能高興的受死，形成「對天皇即是對國家犧牲」的意識形態，對櫻花凋落之死亡象徵表現到極致，尤其神風特攻隊作戰時的表現方式更是如此，但，特攻隊員們，眞的都認爲可以爲了天皇高興的受死嗎？

日帝的軍國主義是從甲午戰爭及日俄戰爭的初期開始加速前進，在一九二〇年到一九四〇年到達巔峰，接著進入第二次世界大戰，之後以「櫻花之軍國主義」推廣，以「盛開的櫻花」象徵士兵「靈魂之美」。

一九三三年到一九三五年之間靖國神社出版了記錄神社的歷史書「靖國神社忠魂史」，其封面有無數的櫻花花瓣，由此就能了解這時已確立「櫻花散落」等於士兵犧牲生命的含意，且從「忠魂」這詞也能了解靖國神社原本是要招魂，爲明治維新戰死的志士慰靈之地，而今成爲祭祀爲天皇竭盡生命靈魂的地方。

軍方又引用櫻花來形容士兵，以櫻花散落的模樣來美化因戰爭而死去士兵的靈魂，進而以「散華」來比喻士兵的犧牲像櫻花散落，「散華」這詞本來是佛教用語，用在佛法教義的一部份，形容讚美佛語好比散落的花瓣，雖與櫻花無關，但日帝的軍國主義爲了美化戰死的士兵，再引用中文「玉碎」來形容翠玉破碎撒遍滿地的美麗景象，狂熱的武士道精神下視死如歸，如癡的士兵們就不畏懼因戰爭而陣亡。

日帝的「天皇制、大和神道、武士道」三位一體，有如模仿抄襲基督教的，聖父、聖子、聖靈，卻背叛基督的精神。一九三七年對中國發動盧溝橋事變，一九四一年日帝發動太平洋戰爭，在兵源大量不足之下，死傷慘重，除了在各殖民地徵兵之外，日帝在東條英機軍事內閣實施徵召學生兵之下，縮短學制，鼓勵從軍愛國，喚起戰時的民族主義及對天皇的犧牲奉獻。一九四三年日軍無論在中國戰場或是南洋戰場皆節節敗退，情勢非常不利，爲了彌補兵力不足，動用了年輕的學子，戰局持續惡化。

一九四三年十月一日，東條英機內閣頒布臨時特別規定（法令七五五），削減文科生和師資培訓體系高等教育學校等的修業年限，爲了徵兵措施做準備。一九四三年徵兵檢驗制度（陸軍條例第四十號）發布，第一次應徵入伍的學生士兵在東京明治神宮球場外的花園集合閱兵，倡導愛國主義。

一九四四年十月將徵兵的年齡降至十九歲以下，估計學生援兵總數將達十三萬人，日本帝國主義表面上風光，卻埋葬了年輕學子青春寶貴的生命，國家政策的不當，被軍國主義所利用，死亡與青春的對決，悲慘的年輕寶貴生命被如此的利用犧牲，淪爲槍砲下的亡魂，令人省思。

大阪女校接受軍事訓練

日本帝國開戰以來，除了在殖民地開拓兵源之外，在國內並展開遊說年輕學子勇於效忠國家，成立學生兵，精忠報國。日帝殖民台灣，在台北州立第一高等女學校同樣需接受日帝皇軍的訓練，學習操槍踢正步，此傳統依然延續至現今的北一女中，是日本帝國殘存的殖民教育之一，現已成為該校的特色。
圖中為大阪女子藥學專門學校，接受軍事訓練。

台灣朝鮮陸軍特別志願學生兵出征行大會

圖中為1943年11月30日，在神宮外苑前朝鮮與台灣的陸軍特別志願學生兵，舉行出征的壯行大會，以表精忠愛國。

愛國教育校閱式

圖中為1941年，學校加強愛國教育，組織學校報國隊，加強勤勞教育，於隔年二月在宮城舉行校閱式，象徵對天皇的效忠。

日本大學校舍前的政治標語

圖中為1945年美軍成功的占領琉球群島之後，所謂的日帝本土戰迫在眉睫，日帝軍政府在「日本大學的商學部」校舍前面，用聳動的政治標語寫著「祝出兵祈武運長久、國民精神總動員」，簡單明瞭地傳達侵略戰爭是全國日帝同胞的本命，表面上是以文字帶動日本大學學子們的愛國心，實際上是為了滿足日帝侵略主義的私心，以學子來彌補兵源不足的窘境，其背後目的就是要學子們為了皇室貴族賣命。

學生兵出征前於國旗上簽名

在日帝的皇民愛國教育之下，不只是殖民地行愚民教育，在日帝本土更是如火如荼的展開，部分善良的百姓，在媒體、警察、皇室愛國教育的宣傳下，一般的百姓對於國家的戰事和前途，毫無所悉。

圖中是當時學生兵出征之前，在自己國家的國旗上，簽下了自己的姓名，以象徵對國家皇室的忠誠。

神風特攻隊最後一餐

戰爭末期，日帝彈盡援絕起了歹念，徵召青春的生命，充當砲灰。

圖中為神風特攻隊於日帝鹿屋基地（現九州），第27學生隊出戰前吃東西的模樣，死亡前的最後一餐，只能強顏歡笑，為帝國付出。

日軍發布「捷一號作戰」命令，企圖奪回比島（今菲律賓）主控權，發動總攻擊，為此組成特別攻擊隊，從自願者中選拔，而隊員其實是被強制點召，出席死亡任務。

女學生歡送神風特攻隊

日帝在太平洋戰爭失利以後，於1943年在南洋瓜達康納爾島海空戰中節節敗退，當時日帝海軍中將大西瀧治郎，因戰役失敗撤退到台南基地，他思考對美國作戰的「特攻」方式，企圖扭轉日帝不利的戰況。「神風」二字的由來，是因為歷史上的「元日戰爭」，當時元朝皇帝「忽必烈」結合朝鮮軍，分別在1274年和1281年，兩次派軍攻打日帝所引發的戰爭，而日帝幸運地躲過了元朝的襲擊，元朝軍隊敗於「颱風」的助陣，讓元軍無法順利征服日帝。之後，日本人稱呼颱風為「神風」，因其威力阻擋了元軍登陸，日本人引以為傲，甚至成為二次大戰末期日帝自殺式的「神風特攻隊」命名的由來。

圖中為特攻隊機組員於震天的萬歲聲下步向死亡之途。

婦女為日軍送行

日軍神風特攻隊隊員大多來自高校生及文科大學生為主，理工科學生並未被徵召，其中部份為朝鮮人，為有選擇性的死亡特攻。隊員僅接受升空、降落的簡易短期訓練。

圖中為出任務前，小隊長集合宣達今日的攻擊命令，後面為婦女百姓為他們餞行，顯現神勇之下的悲悽感。

全國學生出征表彰大會

圖中為學生出陣。青春與生命的輓歌，1943年10月21日，學生徵兵令發布以後，於神宮前外苑競技場，舉行全國學生出征表彰大會，畫面中旗海飄揚，士兵雄壯威武、整齊畫一，象徵了日本帝國軍隊的威武，但其實是金玉其表、敗絮其中，因為當時日帝在東南亞和亞洲戰場已經節節敗退。

東條英機行閱兵禮

東條英機生於東京，為日帝陸軍軍官，也是日帝軍國主義的代表人物。

在第二次世界大戰期間曾任內閣總理大臣，戰後被列為二戰的甲級戰犯，曾經參與策劃珍珠港事件，偷襲夏威夷珍珠港，引發美日太平洋戰爭，因為日帝的大量戰爭行動，皆由東條英機授權主導，東條英機被認為的嚴重罪證有三，一是屠殺亞洲百姓，造成人民在戰爭中大量死亡；二為虐待上萬盟軍戰俘；三是研究使用生化武器，對中國人進行活體的人體實驗，所以他必須負最高責任之一，戰後被處以絞刑。

圖中央為陸軍東條英機和其他海軍的將領，共同在閱兵台上的神氣照片。

日帝女學生為日軍送行

圖中為女學生為日帝軍人送行的畫面，群衆們高舉國旗吶喊，一時間萬歲聲四起，希望皇軍們能夠凱旋而歸，殊不知幾乎戰死沙場，健全回來的人數寥寥無幾。日帝刻意安排女性站在前方為日軍送行，凸顯其英雄式的出征，以母愛淡化死亡的恐懼。

第六章

日帝興衰影與畫

1 明治、大正、昭和功過

明治天皇是，日帝第一百二十二代天皇（一八六七—一九一二年）「睦仁」登基，取名來自中國的史書，而後取《易經》中的「聖人南面而聽天下，嚮明而治」爲年號「明治」，正式登上國際舞台，是近代侵略主義思想者，其功過具有爭議性。

維新兩個字是來自《詩經》《詩・大雅・文王》的「周雖舊邦，其命維新」。其意涵爲，明治維新是要將封建的日帝透過富國強兵、殖產興業、文明開化等三大政策帶入日帝，走向侵略、殖民、統治的現代化。

一八六八年四月七日明治政府又公布《五榜禁令》改革身份制度，廢除四民制度，將公家、大名等貴族改稱爲「華族」，武士改爲「士族」，減輕「版籍奉還」帶來的財政負擔，廢除封建俸祿，再頒布武士「廢刀令」，建立戶籍制度的「戶籍法」。

司法仿效西方制度，於一八八二年訂立法式刑法，一八九八年立法採用德國式民法制度，一八九九年再仿效美國商法。

實行徵兵制，建立新式海、陸軍。陸軍仿效德國訓練，海軍則抄襲英國，並灌輸武士道精神和忠君愛國思想。明治維新期間，北海道獨立戰爭戊辰戰役中徹底消滅德川幕府，之後推行版籍奉還，結束六百多年的武士制度，建立日本近世第一個中央集權政府。透過天皇親政及行議會政治合議精神，以西方三權分立，以求入西方列強之林，經濟推動財政統一，穩定德川幕府後期嚴重負債的財政赤字，並殖產興業，學習歐美技術，推動工業化，社會上提倡「文明開化」，發展教育制度並頒教育敕語等，以外交推動廢除與列強對日帝的不平等條約。也積極占領開發蝦夷地（今北海道）和侵略併呑琉球國，展現出強硬的姿態，一八七四年侵略台灣牡丹社，次年以江華島事件為殖民帝國的發展積極鋪路。一八八九年發布「大日本帝國憲法」，建立穩固的中央政府獨裁體制和新的社會體系，以藩閥政治和大資本家取代過去武士統治的階級，建立現代化基礎，使日帝快速發展，以便日後躋身世界強國之列，是日帝侵略占領的啓航時代。

戰敗後，日帝皇室廢除與否的問題爭論不休，依大日本帝國憲法內容：一、天皇為日本最高統帥。二、所有的臣民必須盡忠於天皇。三、日帝作戰所有權限由天皇掌控。其實天皇是無法逃避其有罪的責任。

侵略思想者的先驅

由於日帝明治維新，日本人的穿著打扮，完全模仿西方人，因此留著八字鬍，是當時帝國軍人政客所共有的打扮。

圖中為明治大帝，攝於1905年，日俄戰爭結束後，勝利驕傲的模樣。

明治大帝於青山練兵場校閱將士

圖中為1906年，明治大帝在東京的青山練兵場，校閱日本帝國將士，象徵對天皇的絕對效忠，是一種軍權神授的概念，倡導忠君愛國思想及神道主義。

日帝將領合影

圖中為日俄戰爭，日帝陸軍八大將，在戰爭結束後，在瀋陽會談的紀念照，右二兒玉源太郎，右三乃木希典，後來擔任台灣的殖民總督。

大山巖進瀋陽城

圖中為1905年日帝大山巖第二司令官持日本國旗，大搖大擺的進入中國東北瀋陽城，象徵日本帝國主義脫亞入歐，步入殖民主義的侵略行為。

日俄戰爭後陸海軍司令官合影

圖中為日俄戰爭結束後，1905年日帝陸海軍各司令官合照照片，第一排右四為當時第二司令官乃木希典。

日俄戰爭後日俄將官合影

圖中為1905年1月8日，日俄在中國東北戰爭結束後，雙方合影。第二排右二為俄國中將——安納托利・斯特塞爾，第二排左二為日帝第二司令官乃木希典。

日帝皇居

神居、皇居、鳥居為戰前日帝不可侵犯的神聖靈域。神居裡住著天照大神與歷代列祖列宗；皇居是人造神的居所；鳥居為平民百姓、士農工商祭拜必經之門。

日帝皇居，二重橋，是日帝戰國時代德川家康威脅利誘下，移都東京所蓋皇宮1945年8月15日二次戰敗前，日帝裕仁在此向帝國臣民正式宣布向盟軍投降，帝國主義的失敗。

圖中現今為日本平成天皇之居所。

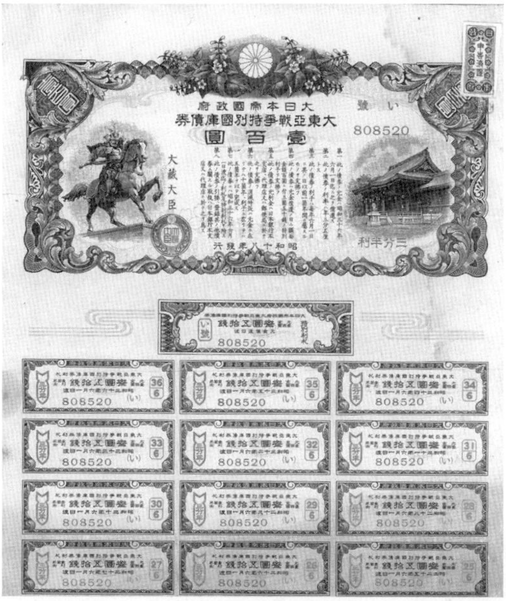

圖一

圖二

戰爭債券

1932年至戰後，日帝政府為支付龐大之戰爭經費，發行「大東亞戰爭及支那戰爭」國庫債券，逼迫台灣人民購買，時至今日，民間雖多次前往日帝催討，但日帝政府主張已完成法律時效，故無意償還。此侵略債券為筆者阿公的遺留物。

圖一為大東亞戰爭債券。圖二為支那戰爭債券。

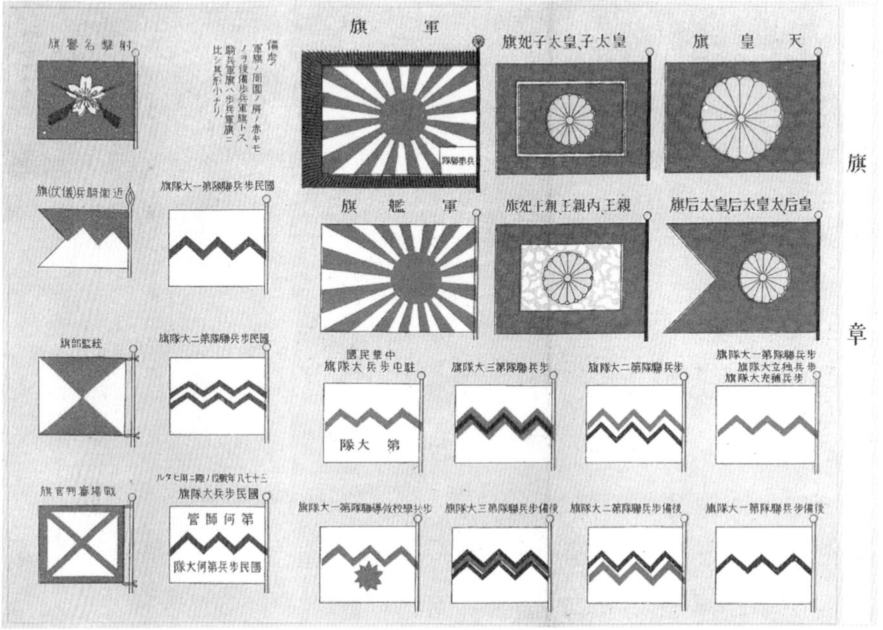

聯隊旗

大日本帝國陸海軍的「聯隊旗」，是在聯隊編成時由天皇賜與的，是聯隊的象徵。聯隊旗除了表示「聯隊團結」的意義之外，更是天皇神格化的象徵。明治憲法規定，軍隊的指揮權、統率權屬於天皇，而天皇親授的軍旗乃是代表天皇的旗幟，聯隊長以下全員必須對軍旗致以最高敬禮。因此，日軍官兵對軍旗非常敬重，象徵軍國主義。隨著日帝的戰敗，聯隊旗被廢止。

圖中為各種聯隊的聯隊旗章，各種軍旗、皇旗象徵皇民帝國。

2 明治、大正、昭和戰記

自德川幕府統治日本以來，鎖國將近有二百六十四年之久，閉關自守，雖然是太平盛世，卻一度受到外來的干預。一八五三年，美國海軍准將培理率領四艘蒸汽船艇，打開日本封閉的國門。這些船隻由於船體被塗上防止生鏽的黑色柏油，而被日本人稱為「黑船」。黑船的出現，為日本帶來莫大的騷動。當晚，江戶城一片混亂，開啓了日本人的好奇之心，並帶動西洋文明的改革，一八五四年培理返回日本，並代表美國與日本簽訂第一份不平等條約《日美親善條約》，之後日本人有感培理促使日本開放改革，走上富國強兵之路。

日本南方有美國要求通商，北方則有俄羅斯軍艦，隨著俄羅斯的領土擴張至遠東地區，北海道近海海域亦開始時有俄羅斯船舶出現。俄國曾多次對日本要求通商，也被德川幕府所拒絕。此時，受到西方砲艦的影響，日本的通商門戶遭到嚴重的挑戰，也因此強化了自我防衛，採妥協主義，避免被列強所占領統治，引中國清朝為戒，日本有志之士如坂本龍馬，提出所謂的脫藩論，以擺脫舊有德川幕府的束縛，企圖改革；又提出「日本國」的新概念，一種革命、創造新國家的使命，改變了日本，進而走入近代國家之旅。明治維新以後，成功的塑造了亞洲第一強權——「大日本帝國」。

明治、大正、昭和皇宮圖

日帝自1868年明治即位以來，到維新的成功，經歷3位日本帝國天皇，直到1945年8月15日，日帝宣布接受《波茨坦宣言》無條件投降後，再到昭和天皇拜見美國將領麥克阿瑟，天皇的神化一夕之間化為烏有，於是宣布人間宣言，天皇是人，不是神，此外，在美國的保護傘下，日帝的天皇和皇族免於戰爭責任，逃過一劫，與其他亞洲國家，如朝鮮末年明成皇后，被殘暴殺害並亡國亡族，有著天壤之別，真是太幸運了！

圖中為明治、大正、昭和皇宮圖。

昭和天皇就任大典

1926年大正去世之後，裕仁於1928年11月10日舉行昭和天皇就任大典，他是明治維新以來，最具有權勢的一位。當時日帝抵制民主化，走上了軍事擴張之路，1927年一場銀行大危機，新上任首相田中義一主張侵略中國東北，擴大日帝的軍事勢力。裕仁享受立憲君主的職責，又在極端民族主義份子鼓吹對天皇要絕對服從效忠下，而反對立憲民主制。

1929年的經濟不振，日帝進一步擴張軍國主義政策。1931年侵略中國東北後，建立了日帝附庸國「滿洲國」傀儡政權。

雖然在1930年代，裕仁差點被極端份子政治暗殺，緊接著1932年1月8日，又發生朝鮮民族英雄李泰昌在東京櫻田門外突襲天皇，不慎失敗。裕仁在日本帝國的地位，因而更穩固，於是和極端民族主義者東條英機連手形成獨裁體制，發動太平洋戰爭以及南京大屠殺……等，做出諸多不人道的行為。

直到1945年，接受《波茨坦宣言》，宣布無條件投降，在美國保護下，幸運的躲過了國際軍事裁判。

圖中為昭和天皇就任大典彩繪圖。

關東大地震

1923年，震央位於神奈川縣相模灣的伊豆大島，發生芮氏規模高達7.9的地震，造成了整個關東地區大片的房屋燒毀，百姓無家可歸，對於日帝來講，是一個大災難，繼米的騷動以來，加上這次的大地震，日帝開始利用南方的台灣殖民地，勉強同意台灣總督府增建曾文溪水庫，灌溉嘉南平原，日帝開始對台灣移民，一方面解決日帝國內糧食的問題，一方面將天寒地凍的日帝東北人，半推半就地移民台灣，從事農務工作，控制台灣的糧食。

依據記錄記載，台灣的糧食，每年的收割百分之七十以上，主要銷至日本帝國，可憐的台民，只能當佃農，直到國民政府遷台後，實施三七五減租，耕者有其田，才解決了日帝在台灣實施的不當政策。

圖中為關中大地震災情彩繪圖。

米的騷動

第一次世界大戰後，米價達到了巔峰，1918年，日帝軍國主義以資本主義結合的大日本帝國，歷經了幾次對外的作戰，民生疾苦，民不聊生，因為糧食不足，造成了國內的恐慌，引發了糧食暴動，農民對於讓大米價格失控的米商和政府官員產生了極大的敵意，引發對國家的不滿，日軍武力鎮壓百姓。

另外，日帝政府不顧百姓生活的疾苦，毅然決然出兵西伯利亞，干預俄國的內政，更曝露出日帝的野心。

圖中為米的騷動搶購圖。

大日本帝國憲法頒布

1889年（明治22年）2月11日頒布「大日本帝國憲法」，是日本近代君主立憲，並於次年1890年11月29日正式施行。這部憲法也被稱作「明治憲法」或「帝國憲法」。值得注意的是，這部憲法稱日帝為「大日本帝國」，但當時並不是日帝正式的國號，一直到昭和11年（1936年）日帝的國號才正式統一稱為「大日本帝國」。近年來，台灣為了日治還是日據的問題，學界爭論不休，從1922年看來，到日本帝國戰敗，應該可以統稱日帝殖民後統治。

圖中為大日本帝國憲法頒布場景彩繪圖，象徵明治維新的大躍進。

日帝統治下的朝鮮生活

日本帝國成立以來，無時無刻不想占領朝鮮半島，從歷史上的淵源，自豐臣秀吉開始，對於併吞朝鮮已成為大和民族的志向，1894年一場東學黨之亂，日帝藉口保護僑民，出兵朝鮮半島，和清朝正面衝突，打敗了宿敵清朝，1910年，日帝終於圓了一個大夢，正式併吞朝鮮王國，成為日帝的附庸並展開殘暴的統治。

圖中為日本人所繪製，描寫朝鮮人拿著日帝國旗，背景為朝鮮人頭頂著糧食，以日本人的角度，表現出日本人對朝鮮的一種歧視與偏見。

日軍侵略戰爭凱旋歸國

日俄戰爭1905年結束，日帝首次戰勝了歐洲國家，日本一時之間民意沸騰，認為是自「脫亞論」以來，一場最驕傲的戰役。日俄戰爭當中，乃木希典在二〇三高地，率領日帝軍隊，奮勇奪標，自己的兒子卻犧牲在戰場上。

圖中描寫日帝凱旋歸國，風光的情景。戰後乃木希典升任台灣第三任總督，在明治天皇去世後，也自戕結束生命。

箱館戰役

明治元年（1868年），日帝海軍副總裁榎本武揚，原名榎本釜次郎。北海道獨立戰爭又稱為函館戰役或箱館戰役，榎本原想建立一個理想的共和國，後來失敗。

日帝官員征韓侵略戰辯論

箱館戰爭失敗以後，日本恐內戰再起，國內對於朝鮮的問題爭論不休，1873年，所謂征韓論在日本鬧得沸沸揚揚，主戰派如西鄉隆盛、板垣退助、江藤新平、後藤象二郎、副島種臣等，主張以武力干預朝鮮國政。但該觀點遭到了學者田村貞雄、岩倉具視、大久保利通、木戶孝允等人的反對，西鄉隆盛因此造反，導致之後的西南之亂。

日軍侵台之役牡丹社事件

1874年日本因征韓論的失敗，深怕影響日本的政局，因此藉故琉球國人民被殺事件所營造的征台論，一方面消除內戰的危機，一方面讓好戰份子征戰海外，因此發生牡丹社事件，最終造成琉球王國的滅亡。

明治大帝主持戰前會議

1894年朝鮮東學黨之亂，解決日帝近代所謂的征韓問題，因此侵略朝鮮半島情勢逆轉，也打敗了清朝，獲得了遼東半島、朝鮮半島、台灣群島等。

圖中間為明治大帝，舉行戰前會議，右一起為川上操六，大山巖、伊藤博文，左一起為樺山資紀、西鄉從道、山縣有朋、小松宮彰仁親王。

甲午戰爭日帝砲擊平壤城

1894年，甲午戰爭爆發，日帝開戰以來，總計7個師團，動員兵力達12萬，海軍軍艦28艘、水雷艦4艘、共計5萬7千噸等，從廣島宇品港出發，兵分三路，一從平壤的元山港、二從釜山、三從首爾前的豐島。

由日帝中將總指揮管野津，結合第3、第5師團，四面包圍平壤城，在大同江前設立要塞，並砲擊平壤城。

旅順大屠殺

甲午戰爭爆發以來，日帝陸軍一路勝戰，直到中國遼東半島，1904年日俄戰爭以來，日軍第二軍第一師長谷川少將帶領部隊、第二師司令官大山、先鋒部隊10月24日從花園口上路，進攻金洲城，再一次攻進旅順港，入城後並進行一場大屠殺，根據記錄，甲午戰爭期間，日軍在旅順進行3-4天的大屠殺，在旅順屠殺了約2萬的軍人和平民。

台灣黑騎兵與日軍竹林中作戰

1895年3月23日，日軍占領澎湖群島以後，積極布署對台的戰役，同年的5月29日，日軍從台灣的北海岸鹽寮登陸，沿著貢寮牡丹經基隆後山，隱密的前進，並在基隆港前的獅球嶺，伏擊台灣黑旗兵。

圖中描寫日軍與台灣的黑旗兵作戰的情形，台灣特有的竹林，與台灣英勇的士兵們在竹林中守株待兔的情形。

義和團之亂

1900年，英、美、法、俄、德、義、奧、日八國，為了鎮壓義和團、藉口保護僑民而組成八國聯軍行動，消滅義和團，義和團在大沽口砲台抗擊八國聯軍，聯軍受到大沽口砲台的猛烈還擊，最終由日本人攻陷；清廷與包含派兵八國在內的十一國簽訂《辛丑條約》，迫使慈禧太后挾光緒帝逃往陝西西安，付出龐大的賠款，並喪失多項主權。

圖中描繪各國的聯合陸軍攻打大沽砲台，法國和義大利軍隊較早退出戰場，日本軍人手持軍刀拿著日本國旗踩過西洋人與中國人之上，耀武揚威的感覺，自認優越於中國與歐洲聯軍。

日軍203高地激戰

1904年日俄戰爭，對日帝來講是首次和西洋人的對戰，一開始戰事並不是那麼順利，俄軍因誤判情勢，失去了橋頭堡。

圖中描述日本第7軍團、及第3軍在日本天皇的激勵之下，攻打二〇三高地死傷慘重，最終獲得了勝利。

日俄戰爭海戰

俄軍波羅的海艦隊（第二太平洋艦隊）在經歷7個月的航行後，終於在1905年5月到達日帝近海，和日帝東鄉八郎率領聯合部隊從鬱陵島集結揮軍北上，在竹島（獨島，現韓國領土）的南方18海浬上，發生首次歐亞兩強海軍大戰，日帝聯合艦隊以壓倒性的優勢擊敗了俄軍艦隊，日帝完全掌握了制海權，從此，日帝成為亞洲第一強盛的海軍，直到太平洋戰爭爆發，在1942年中途島戰役之後，才將海洋的霸權拱手讓給美國。

日德戰爭

1914年，日帝挾著日俄戰爭的勝利，打敗歐洲人的優越，為了在中國山東半島的利益，再次與歐洲強權德國對戰。

圖中描述日帝的目標為青島的租借地、遼州灣商城和青島海灣的利益，史稱青島戰役，為日帝首次與德國正面交鋒，同時也是首次與英國聯軍一同參戰。

九一八事變

日軍侵略中國以來，激發中國的愛國心，日帝處心積慮想分裂中國領土，並利用清朝亡國的遺臣，當作恢復政權的手段，急於建立日本帝國的附庸。

1931年9月18日，中國東北軍和日本關東軍，在中國瀋陽爆發了軍事衝突和政治事件稱為九一八事變（又稱滿洲事變）。事變爆發後，日帝內閣總理大臣權力下降，日帝將領主戰派主張占領東北，更激化中日矛盾，日帝全面侵略中國，已顯現無疑。

一二八事變

日帝侵略中國的野心，逐漸的明朗，滿洲事件爆發以來，中國各地排日運動不斷及愛國主義逐漸的興起，1932年引起一二八事變（又稱上海事變）的主因之一是日帝的和尚被凌虐致死，日軍因干預上海市政引爆愛國意志的反彈所造成，其背後的意義為侵略上海。

蘇州空戰

日帝在上海事變以後逐漸控制整個中國東北，日軍利用空軍偵查、空襲等，掌握了東北的制空權。

圖中描寫1932年美國最新式的一架波音戰鬥機，空襲日本在中國的占領地，日帝海軍航空隊六機升空迎戰，美國一機墜毀，日軍指揮官死亡，此戰役是日帝近代史上，首次有敵機來空襲日本的軍事要塞。

第七章

日帝軍國主義美展

明治帝國開國以來，爲了顯示自己已是文明大國，將自古以來民間習俗、皇室或草民的神鬼傳說，再加以詮釋定位，以「兼六合以開都，掩八紘而爲宇」，強化帝國皇民一體，將開國神武天皇的神話轉化爲「八紘一字」，其義爲天下大同、上下一家，但實際上卻以軍武達殖民統一目的，並啓動了愛國主義、尊皇精神等愚民主義，創造日帝天皇神蹟，成爲一種另類的神道崇拜，應用在各殖民地，以「同化政策、文化認同、語言貫通、人種歸化」，將所謂東洋文明：單一民族主義，強迫灌輸至各殖民地人民，使其歸屬在大和民族的國族主義之下。

一九三九年，二次大戰爆發，日帝感受到德國閃電攻擊，征服亞洲的威力，激起了日帝處心積慮想征服中國的野心，並欲貪求獲取南方的資源。一九三八年，在太平洋戰爭爆發之前，一群愛國藝術家結盟所成立的「大日本陸軍從軍畫家協會」，在當時軍國主義之下，透過繪畫筆墨傳達一種以軍武爲中心的愛國主義思想，於一九三九年催生第一回聖戰美展，企圖改變純藝術的「新文展」活動。何謂聖戰？在一九四〇年，由一群律師所組成的「聖戰貫徹議員聯盟」，以解散政黨政治爲目的，打倒現任親美的米內光政（日帝海軍大將，第三十七任日帝內閣總理大臣）政權。並要求當時陸軍大臣畑俊六（曾擔任台灣軍司令官，昭和天皇最可靠的侍衛長）辭職，讓親美的米內首相倒閣，形同海陸相爭。一九四一年以後，陸軍大臣東條英機順利組閣，並積極布戰，引爆了太平洋戰爭。

在軍國主義之下，繪畫藝術也舉足輕重的成爲政治利用的宣傳工具，用繪畫描寫敘說日本帝國的戰績，藉此向國家盡忠、向天皇盡孝。每當戰況不利，便透過繪畫掩飾竄改局勢，以捷報來愚弄人民，讓人民籠罩在戰況美好的假象之中。

1 大東亞戰美術展

御廚純一《東方部隊襲擊新幾內亞海》大東亞戰美術展 1942年

新幾內亞1942年，日帝海軍從東北方發現了美國的航空母艦，展開和美軍格魯門戰機（單翼艦上戰鬥機F4F野貓戰機）的決鬥，此戰役日軍大受挫敗。

圖中畫家描述美日海空大戰，雲層裡多艘戰機突襲海上的美航空母艦，造成美軍損傷。

藤田嗣治《12月8日珍珠港》大東亞戰美術展　1942年

1941年，日帝海軍發動兩波攻擊，偷襲美國珍珠港，由於美軍受到奇襲，日軍因此取得重大成果，損失甚微。這場軍事攻擊對第二次世界大戰的發展有著重大的影響，美國憤怒不已，總統羅斯福向日帝宣戰，而歐洲的德國和義大利也對美國宣戰。

圖中描寫日帝海鷲部隊在日出時分攻擊珍珠港，在層雲煙灰交錯之中，顯現出詭譎、恐怖的殺戮景象。

寺內萬治郎《遙望馬尼拉》大東亞戰美術展　1942年

圖中描寫1942年美軍用火焰槍，在菲律賓馬尼拉和日軍作戰。畫中顯現戰火交迫下，日軍雄壯威武的姿態，彷彿勝券在握。

向井潤吉《4月9日記錄－巴丹半島總攻擊》大東亞戰美術展　1942年

日帝陸軍進軍菲律賓，並在菲律賓巴丹半島上與美國、菲律賓守軍激戰達4個月，最後美菲軍因缺乏支援與接濟，於1942年4月9日向日軍投降，開始了「巴丹死亡行軍」。投降的7萬多人成為日軍的戰俘，開始遭日軍強索財物，並押解到百公里外的戰俘營，路程以徒步行軍，途中給予稀少的食物，最後雖抵達目標營地，但沿路上因飢渴而死及遭日軍刺死、槍殺者達15,000人之多。而抵達戰俘營後，日軍在營地內虐待戰俘，包括拷打折磨、斬首殺害等，在抵達營地的2個月內又死去了約2萬人。戰後，巴丹死亡行軍的主謀本間雅晴中將被判處死刑，於1946年4月3日被麥克阿瑟下令槍決。

圖中為日軍發動巴丹島總攻擊，以槍砲彈藥猛烈攻擊，占領了菲律賓，使美、菲守軍投降。

等等力巳吉《防空婦人圖》大東亞戰美術展　1942年

1944年以後，日帝東京開始受到美國的空襲，並以燃燒彈燒毀部分軍營與房屋，因此造成了日本人前所未有的恐慌，在政府要求之下，大後方總動員組成了防空救火隊。

圖中為家庭防火團，在美國的燒夷彈之下，形成一種緊張、不安的氣氛。

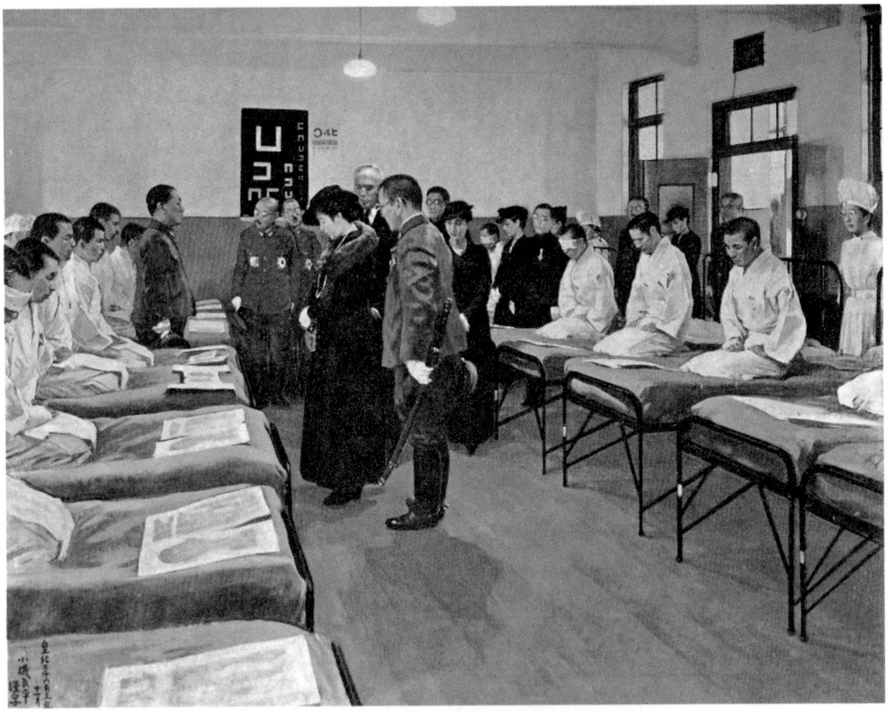

小磯良平《皇太后蒞臨陸軍醫院》大東亞戰美術展　1943年

大正時期以來，日帝軍事強權達到巔峰，對外戰爭以獲取殖民地的領土及占領地，因此，送往戰場的士兵年年銳減，死傷無數之下，最後也得向殖民地來強行徵兵。

圖中為皇太后穿著華麗的衣服，探望受傷的士兵，看似憐憫子民，但傷患卻要起身跪拜行禮，著實諷刺。

中村研一《珊瑚海海戰》大東亞戰美術展 1943年

1942年日軍與美國在珊瑚海展開了有史以來最大的海戰，日軍看似在戰術上戰勝，但是以盟軍的觀點，在連續五個月的挫敗之後，此戰役的結果算是十分接近勝利。在珊瑚海戰役及中途島海戰之前，日帝海軍的飛行員及戰機所向披靡，日軍雖然可以生產許多戰機及航艦，但是長期的作戰下，卻難以再培養擁有高超技巧的海軍飛行員，受過高度訓練的飛行員有減無增，素質自此開始下降。以此觀點來看，日帝海軍在此役遭遇了戰略失敗。

圖中描寫日軍攻擊美國航空母艦，日帝陸軍航空隊襲擊美軍的畫面。

宮本三郎《大元帥昭和主持作戰大本營會議》大東亞戰美術展　1943年

日帝近代三大天皇明治、大正、昭和，享盡了日帝的榮華富貴，自維新以來，所謂的文明開化、脫亞入歐，帶給了亞洲各國慘痛的記憶，但幸運的，在二次大戰結束，日帝的皇家一族並無任何一位接受戰後東京大裁判的審判。在偷襲珍珠港之後，日帝高層早已察覺中途島之役是一場不可能的勝利，因此皇親國戚為了脫罪，都解除了大統帥或其他任何的軍職，以保有天皇制，在美國刻意的保護之下，以及1945年蔣介石以德報怨的錯誤政策，加上1972年毛澤東擱置談判，讓日帝在二次大戰戰敗後沒有付出大額的代價。

圖中描述昭和大元帥在作戰大本營召集海陸大將舉行戰時會報，討論戰情。

海軍報道班山口華楊《出征前基地準備作業》大東亞戰美術展 1943年

日帝在第二次世界大戰末期中途島海戰失敗後，為了對抗美國海軍強大的優勢，挽救其戰敗的局面，日帝謊報戰局愚民百姓，利用武士道精神，為了忠誠和榮譽，標榜櫻花曇花一現的死亡之美，要求年輕學生「一人一機、一彈換一艦」，對美軍實施自殺式的特別攻擊。

圖中為日軍水陸兩用機準備出擊前的作業。

2 海軍愛國美術展

川村清雄《黃海海戰》海軍美術展　1942年

1894年黃海海戰，是甲午戰爭中雙方海軍最大的衝突戰。中國海軍損失慘重，黃海制海權落入日軍手中。黃海海戰歷時5個多小時，中國海軍損失多艘軍艦，死傷官兵600餘人，日帝多年來的悲願達成，打敗宿敵清朝。黃海海戰以後，李鴻章下令北洋艦隊退回，拱手稱臣，甲午之戰寫下中國最大的屈辱。

圖中為畫家在海軍樺山資紀以及伊東祐亨委託之下，描寫日帝黃海戰役。

藤田嗣治《南昌飛機場》海軍美術展 1942年

1937年，中國因為對日抗戰軍隊損失慘重，而對於蘇聯的關係有轉好的跡象，蘇聯也感覺到日帝擴軍的壓力，在利害關係一致下決定與中國修好，簽訂了《中蘇互不侵犯條約》和《軍事技術援助協定》，並宣稱將提供中國軍機並接受中國的提案派遣飛行員、地勤人員、機場建築師、工程師和機械師，以志願隊的身分前來中國協助抗日，在1938年的南昌空戰助益良多，中國空軍和蘇聯志願隊在南昌上空截住日機展開空戰，並擊落日機4架，日帝海軍航空隊「四大天王」之一的南鄉茂章被擊落斃命。

圖中描寫7月18日日帝海軍航空隊分兩批突襲南昌機場。

熊岡美彥《珠江口掃雷》海軍美術展　1942年

盧溝橋事件以後，日帝開始對中國沿海展開封鎖，並占領福建廣東一帶，企圖圍堵來自南方的軍事資源，讓中國失去了援助的機會。

1938年的廣州戰役，是雙方傷亡人數最多的一次戰役，日帝發動猛烈攻勢，中國守軍防線被突破，向後潰退，日帝占領廣州後，粵漢鐵路被打通，中國因再堅守武漢已失去意義，國軍遂撤出武漢，廣州、武漢的淪陷標誌著抗日戰爭進入僵持階段。

圖中為1938年10月23日，廣州戰役後，日本海軍掃雷艇在珠江口掃雷。

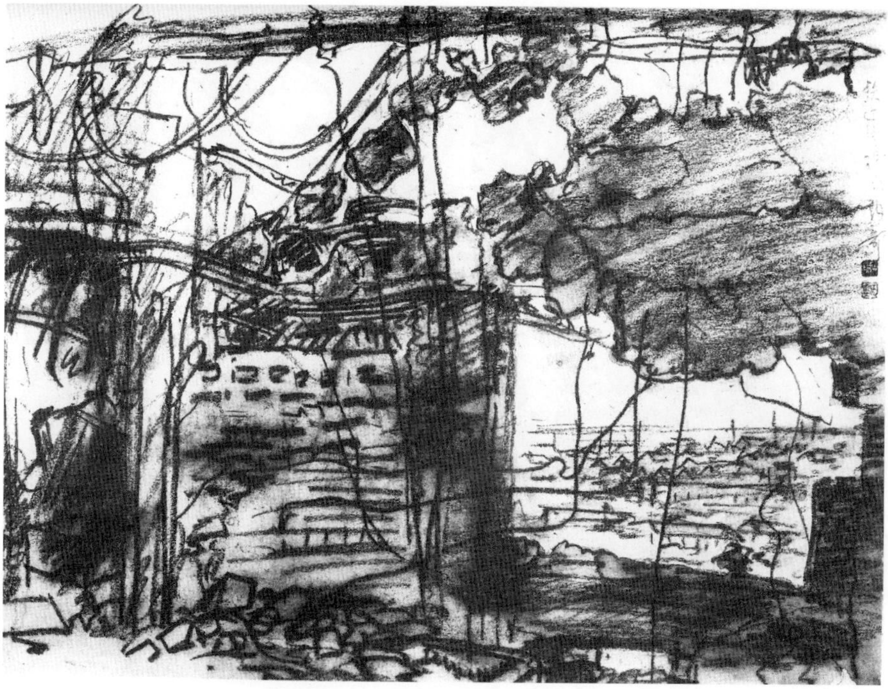

古城江觀《上海遺跡鐵道管理局》海軍美術展　1942年

1937年上海戰役，上海在滿清末年列強的割據之下，雖然是當時亞洲第一大都市，卻是各國處心積慮想要併吞的租界地。上海為中國第一大商港，中國當時首都南京門戶，又是中國經濟中心和重要工業地。蘇州河以北的公共租界及其越界築路地區屬於日軍防區，是日軍在上海的作戰基地，也是開啓盧溝橋事件的重要戰役。

圖中描寫皇軍擁有世界上最強的戰鬥意志，日帝發揮絕大的威力，破擊了上海鐵道管理局。

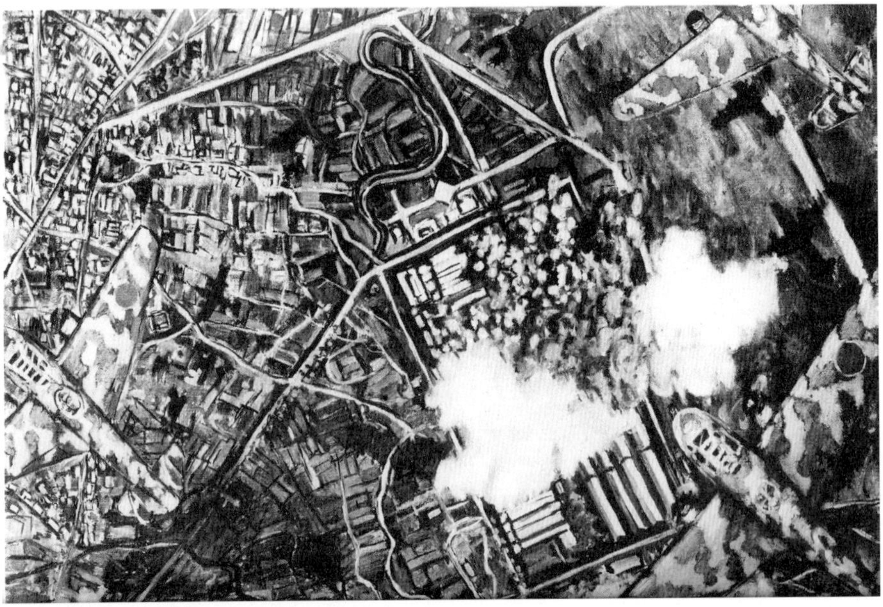

石川重信《昆明爆擊》海軍美術展　1942年

1937年抗戰全面爆發，國民政府武器裝備不足加上外來支援被日軍所切斷，戰事不利，南京淪陷在即，故國民政府於1937年11月21日宣布將所有中央政府機構由南京遷往重慶。日帝飛機自1938年首次轟炸昆明後，轟炸越來越頻繁，昆明人民開始了「跑警報」的生活，多處房屋被毀，橫屍遍野。僅1941年2月26日，一天就轟炸昆明3次，8月14日，一次轟炸投彈多達171枚。1941年是日機轟炸次數最多的一年，達34次。顯現日本人瘋狂野蠻的行為，遠比美軍空襲東京更慘烈。

圖中長方形區域為1940年10月12日，日帝軍機集中目標，空襲黃埔軍校校區。

古城江觀《海南島海口攻略》海軍美術展 1942年

日帝侵占海南島，希望切斷中國的海上運輸線，其次日軍也企圖掠奪海南島的資源，達到其「以戰養戰」的目的，對當時中國的抗戰、國際形勢都產生了相當大的影響。1939年海南島戰役，日帝占領海南島之後，積極為南進政策準備，除了控制中國南海之外，對於南洋一帶如越南、菲律賓、印尼也奪取資源，在海南島建設機場、港口，成為一個戰略的跳板，因此調派駐守在台灣的日軍，編成台灣混合旅團約3萬人，其中殖民的八田與一也在其中，最後戰死沙場，皇民化鬧劇「莎韻之鐘」男主角北田正紀在同年被派往防守海南，直到戰敗才回國。而莎韻之鐘皇民電影一度成為勞軍的節目，在海南島前線公開放映。

圖中為1939年2月10日，日軍攻下海口的海關，軍旗高掛鐘塔上，海陸空共同夾擊之下，成功占領了海口市。

3 皇國戰爭壁畫

箱館海戰

箱館灣海戰是屬於戊辰戰爭的箱館戰役中的一場戰鬥，是明治新政府軍占領蝦夷地（現北海道）之後，明治天皇即位後首次的日本國內戰爭，也是北海道尋求獨立以成立一個民主共和國的戰役。

由榎本武揚所領導的獨立部隊，向明治政府挑戰，卻不幸失敗，之後，在黑田清隆力保之下，免於死罪，後擔任日本的文部大臣，成功的解決內戰的危機，因此，北海道獨立戰爭失敗，愛奴族（北海道原住民）從此淪為日帝殖民下不幸的一群，被逼放棄遊牧民族生活，失去了原有的傳統歷史文化，成為被歧視的一群。直到日本戰敗，2008年在美國國會的壓力之下，不得不承認，愛奴族是北海道的原住民。

圖中描繪箱館灣海戰的激烈景象。

日帝占領大沽砲台

大沽口砲台目前位於中國天津市，原為明清時期北方海防的重要軍事基地，是三次大沽口戰役的主戰場。

大沽口砲台最初建於明代嘉靖年間，早年由戚繼光督造。清道光21年（1841年），清朝再修建大沽砲台。清咸豐8年（1858年）繼續維修擴充，南岸增設3座砲台，北岸增設2座砲台。

清光緒20年，義和團之亂，英、美、俄、法、德、義、日、奧等國集結聯軍，同年5月31日，由天津出發，朝北京城前進，6月11日各國決議進攻大沽口砲台，6月17日下午兩點，正式展開攻擊。

圖中顯示日本人領先各國海軍，率先登陸、占領大沽砲台。

日帝海軍在馬爾他

日本帝國於1912年，為了確保在中國的利益而與英國同盟，同年的8月23日對德國宣戰，德軍利用潛水艇在南歐的地中海威脅各國商船，在英國政府請託之下，日海軍組成特務戰隊，11艘軍艦由司令官佐藤皐蔵，在1917年從新加坡出發，抵達英國屬地馬爾他，與英國海軍共同對抗德軍，日帝海軍再一次成功的展現海上強權。

上海事變

又稱八一三事變，發生於1937年8月13日，為「第二次上海事變」，也稱淞滬會戰。

1937年8月9日，日帝軍官在虹橋機場被殺害，日帝以此為藉口，8月11日，日帝駐上海總領事向上海市長提出要求，中國方面的事件責任者謝罪並判刑，限制停戰協定地區內的保安隊員人數、裝備及駐軍地點，撤除上海的所有防禦工事，設立監視實行上述事項的日支兵團委員會。日帝的苛刻要求遭到國民政府拒絕，軍事委員會委員長蔣介石決定，不可能接受如此條件，準備戰鬥。

圖中為1937年8月13日，日帝海軍上海特別陸戰隊司令官，下令全軍進入戰鬥狀態，隨即派遣軍艦16艘及其陸戰隊在淞滬登陸。

滿洲國戰艦巡航

滿洲國全名為「大滿洲帝國」，為日本帝國主義在中國東北扶植的傀儡政權。在抗日戰爭勝利後，一般稱滿洲國為「偽滿洲國」。其偽帝溥儀是日帝的傀儡。抗日戰爭勝利後，偽滿洲國政權解體。

圖中前艘戰艦上的國旗為偽滿洲國的國旗，紅藍白黑滿地黃，紅色代表漢族，藍色代表北韓族，白色代表和族，黑色代表蒙古族，黃色代表滿族，象徵著五族協和。

蘇州空戰

滿洲事件以後，日帝對於占領中國東北的野心，已經顯現無疑，中華民國成立以後，對於空軍的實戰經驗與技術都非常缺乏，急需外國的協助，遠遠不如日帝，此戰役是描寫1932年日軍在上海事變以後，在蘇州與我軍空戰的實錄。1932年2月19日，發生蘇州空戰，此時剛好有一位美國航空公司的試飛員「蕭特」駕波音機，在上海上空遭遇了日本的戰機，由於日軍肆無忌憚地對非軍事目標和中國平民進行攻擊，憤怒的蕭特當場開火擊傷一架日軍戰鬥機，之後，被其他日機輪攻陣亡，這是美國人為中國抗日犧牲的第一人。

圖中為畫家描寫美國試飛員蕭特為中華民國空軍犧牲的珍貴畫像。

4 陸軍聖戰美術展

中川為廷《尚武》聖戰美術展 1939年

日帝自明治維新以來，崇尚武德，在學校有劍道、相撲等日帝傳統民俗，提振武士道精神，以為國犧牲、效忠皇室。

圖中為小男孩腳踩軍帽，彷彿站在地球上，手捧仙桃意味著傳說中的桃太郎，揹著劍，手指著天，意氣風發，表達出男兒當自強，顯現強大的勇氣與義氣。

小磯良平《南京中華門戰鬥》聖戰美術展　1939年

1937年日軍挾著猛烈攻勢，占領了上海，再越過長江，直逼南京，最後如願地進入了中華民國的首都南京城，國軍誓死抵抗，日軍嚴重損失，但仍抵擋不了日帝的野心，進攻南京後，部隊即面臨著糧食不足的問題，日軍在搶劫財物中伴隨著姦淫婦女的暴行後又殺死受害人，放火燒毀整個村莊，這僅是南京大屠殺的起源。

圖中描寫日軍攻進南京城南門，受到中國的反抗，堅守紫金山雨花台，雖然最後日軍成功攻破南門，但已疲憊不堪。

南政善《無錫追擊戰》聖戰美術展　1939年

淞滬會戰爆發於1937年8月13日是中日雙方在中國抗日戰爭中第一場大型會戰，也是整個戰爭中規模最大、戰鬥最慘烈的一場戰役，日帝占領中國的開端，就從上海開始，一連串的事件企圖造成中國的恐慌。上海戰之役，國軍最後敗退於蘇州、無錫一帶，企圖再作反攻，以守住最後防線，阻止日軍進攻首都南京。

圖中描寫日軍模仿德軍，採取閃電攻勢，企圖以最短的時間占領中國。日軍一路勢如破竹挺進，中國節節退守，雙方在無錫橋邊交火。

福田眉仙《蘆溝曉色》聖戰美術展　1939年

中國北京八大景之一蘆溝橋畔，是過去乾隆皇帝休憩賞月重要的景點。蘆溝橋橫跨永定河上，完工於1190年，兩旁欄柱有百餘個石獅子像，精工雕琢，形態各異，是北京通往南方的重要道路。
圖中為畫家以水墨描繪蘆溝橋一景。

阿部七郎《學童與戰爭》聖戰美術展　1939年

日帝對於中國的侵略自1931年至1945年戰敗結束，達14年之久，除了侵略以外，耗盡了日帝國內資源，人民生活窮困潦倒。學生無法正常就學，戰時要不時的躲避美軍的轟炸，想要順利讀完國小都有困難，在軍國主義時期，1939年以後，中學校免去考試，以面試代替。

圖中描寫聖戰以來，全國總動員，慰勞前線官兵之外，在軍方刻意隱瞞之下，對於戰事實情一概不知，學生在學校的黑板塗鴉，畫出心裡對戰爭的虛幻想像。

5　愛國戰爭繪畫

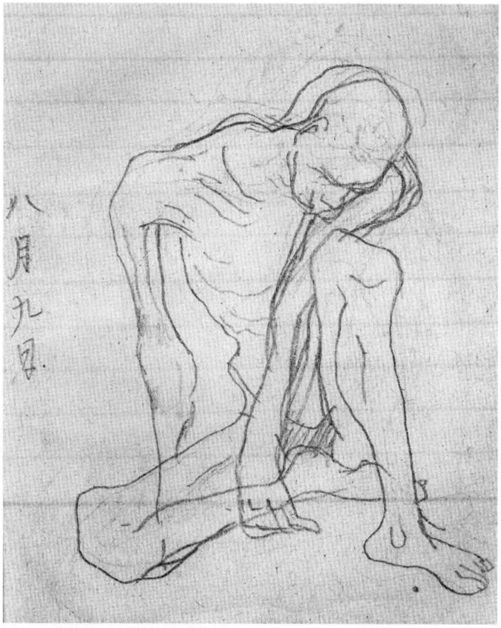

關口清《食物與和平》

1945年8月15號，關口清死守在宮古島的預備隊，戰爭中的飢寒交迫，時時刻刻與死神搏鬥，淒慘的命運掌握在天皇的手中，被發現時已經骨瘦如柴的死在戰後的宮古島第四野戰病院。

圖中日期為8月9日，為關口清死前所畫的自畫像，命名為「食物與和平」，其渴望生存的意念，令人省思。

台灣運輸船艦

漫畫諷刺當時日帝殖民下的台灣蓬萊仙島，戰時的糧食70%出口提供給日帝皇軍使用，而台灣居民在皇民化的愛國主義下，糧食則是用配給的，且嚴重的不足造成營養不良，如接受皇民化改名換姓成為國語（日本語）家庭，可以多一點配給，以此引誘部分的台灣人。

圖中說明從台灣出發的運輸船艦源源不絕，送出了無數資源。

久保克彦《太平洋戰爭》

1941年日帝發動太平洋戰爭，開始南下，除了占領中國之外，積極對中南海半島進行侵略戰爭，一開始非常順利，1942年中途島戰役之後，日軍戰事明顯陷入僵局，士兵大量死亡，加上支援不足，雪上加霜。1943年以後，日帝政府正式展開對高中生以上徵兵，出征海外。

圖中為久保克彥（東京美術學校工藝科高材生）所繪的海空大戰，他才氣洋溢，畫風非常先進，此圖也被視為一個反戰的作品。他在1943年10月入伍，不幸於次年戰死在中國的湖北省。

林玉山《獻馬圖》

1941年以後，日帝軍政府在東條英機組閣下，對外發動太平洋戰爭，之後在各地推行皇民化運動，舉辦聖戰美展並停止一切美術活動，要求畫家從事愛國主義繪畫以激勵人心，並且為大東亞共榮圈揮毫，而當時台灣的殖民地在總督府要求下舉辦愛國美展。

圖中是東洋畫家林玉山於1944年為日帝揮毫所呈現的獻馬圖，以表盡忠。

此圖戰後由林玉山教授典範轉移，軍人背後的旗子由日帝國旗改成中華民國國旗，經筆者用照片編輯軟體回復成上圖樣貌，原圖片取自國美館。

鹽月桃甫《日帝空襲南京》

鹽月桃甫為東京美術學校師範科畢業，1921年到台北高等學校任職，成為台展設立的元勳之一，1930年霧社事件之後，留下一張100號油畫——「母」為一批判性極高的代表作。在陸軍邀請之下，為帝國1943年聖戰揮毫，成為聖戰美展參展作品之一。

圖中描寫清晨從台灣新竹空軍基地出發的日帝聯合航空隊，跨海空襲中國大陸南京的戰爭事蹟，成為愛國教育美術宣傳的經典之作。

第八章

戰敗歸鄉

大日本帝國憲法公告於一八八九年二月十一日，成爲日本帝國國號的一個根據，在一九三六年，正式成爲日帝的國號，統一稱爲「大日本帝國」。綜觀日帝近代的興起挾著明治維新成功之威，所謂福澤諭吉的「文明開化」也不過如此，而脫亞入歐之論，也只不過是模仿西方的殖民統治，以暴力侵略、愚民教育、應用西方學理所發展出的軍事大國，「尊西洋爲貴，視中國爲賤」是日帝時期特有的概念。大和民族自古以來模仿中國唐朝的文明，並學習朝鮮的文化，中國的漢字、繪畫、工藝、生活習俗造就了日本古文明的興起，朝鮮的傳統文化、飲食文化甚至日本皇室中擁有朝鮮貴族百濟血緣，其他如琉球王國的三弦琴或是保護琉球王室貴族的武術稱爲唐手或琉球手，都已成爲大和民族對外宣傳的國粹。

戰敗的日帝政客們並無得到應有的教訓，在國內強調大和民族主義的大有人在，如日本前首相麻生太郎公開說「台灣教育現代化歸功於日帝統治的義務教育」如此不當言論，只是在進行下一步新日本帝國主義。

日帝統治台灣五十年，對於台灣統治的功與過，自有評斷，但日本人對台灣的大開發，隱藏著一個帝國主義南進政策，其眞正目的在獲取台灣的廉價勞力，以取得暴利。在大東亞戰爭期間，爲了掩飾帝國戰敗的事態，推行一連串的皇民化教育運動，當時以「莎韻之鐘」透過大衆傳播力量，進行一場類似清朝時代「吳鳳」的翻版鬧劇。以日帝古劇「忠臣藏」的歷史性愚忠來奴化、痲痺殖民地的百姓與日帝大衆人民，日帝是個「軟土深掘（得寸進尺）」的政權，對外爲了自身利益發動侵略戰爭，不斷測試他國的底線，「你越是容忍、退讓一步，他就會再步步進逼」，蔣介石在一九四五年日帝戰敗時的「以德報怨」以及毛澤東在一九七二年中日建交時未對日本求償及要求謝罪是個嚴重錯誤，讓日本沒能從戰敗中獲得教訓及付出代價。直到二〇〇八年日本政府在美國的輿論壓力下，首度公開承認境內有少數民族問題，愛奴族、琉球民族，以及戰前被強制連行移居日本的朝鮮民族，依然生存在日本國內，所謂的單一民族，不攻而破，顯現日本在民族文化上有更多反省及進步的空間。

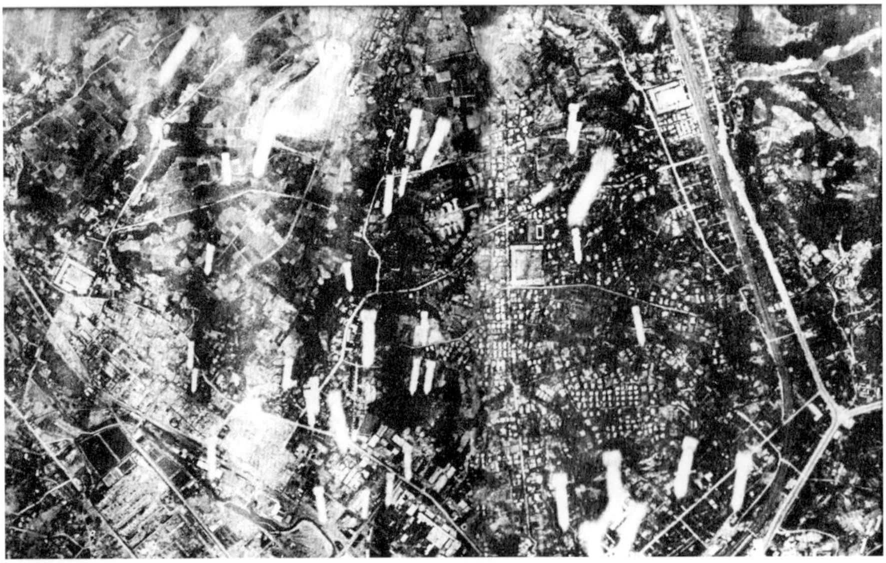

橫濱大空襲

二次大戰末期，日本帝國遭受到前所未有的盟軍反攻，日帝本土除了京都、奈良以外，大部分受到美國的空襲，並投下大量的燒夷彈，成為日本帝國最慘痛的教訓，國民死傷慘重，對於反戰的聲浪也順勢逐漸升起。

圖中為橫濱大空襲，B29重型轟炸機投下3,200噸的黃色炸藥，死傷達1萬多人。

東京大空襲

東京受到空襲是在1942年4月18日，美國空軍向日帝本土首次進行空中轟炸攻擊任務，以作為對日軍突襲珍珠港的報復。由於這個任務是由吉米．杜立德中校一手策劃，所以又稱為「杜立德空襲」。凸顯日本帝國在本土的防空警戒是不足而脆弱的，輕易的就被美軍所入侵。

圖中為1945年二次大戰末期位於東京的精華區，數寄屋橋。

阪神大空襲

日帝在1941年大東亞戰爭開戰以來，初期稍有斬獲隨著戰事擴大兵源不足，死傷慘重，留在國內者大多為老弱婦孺。

圖中為1945年3月10日，東京大空襲，死傷慘重，可憐的老百姓無家可歸，四處躲彈，眼看家當全無，推著二輪車守護著僅存的家產，逃往避難處。

罹難家屬協尋互助會

戰爭末期，日帝天皇忙著對外戰爭，對內束手無策，任憑盟軍的空襲，百姓痛苦哀號、窮途潦倒、家破人亡，一時無家可歸者，為尋找死難者家屬成立互助會，協尋失散的親人。

揹著骨灰罈的孩童

二次大戰戰敗後，日軍開始撤離占領地與殖民地，在盟軍各方的協助之下，方能順利的展開回國之路，這段心路歷程，相信一切都是日本帝國主義侵略他國所付出的代價。圖中為父母雙亡的可憐小朋友，揹著父母的骨灰罈，回國的景象，可愛的模樣令人同情。

戰敗歸鄉

全國性的大災難來自日本帝國對外的侵略，戰爭期間日帝當局成立了「援護局」，協助無家可歸以及逃難的家屬，除了提供部分少許的衣物之外，並引導至偏遠地區，鄉下野外避難，除此之外，別無他策。

圖中描述日帝在戰敗以後，居民集體回鄉的場景。

擦澡婦女

戰火無情蹂躪下，飢寒交迫，糧食不足，一時間找不到適合的安置地方，政府任憑百姓在空襲後的災區苟且偷生，雖然有少數的糧食、衣物供給，對於年老婦幼依然困頓難熬。

圖中為婦女不顧環境雜亂，在公衆場合仍裸背擦澡。

日軍舉手投降

日本帝國主義興起以來，倡導愛國主義，以櫻花為國花，並向城民宣揚櫻花的生死觀，要效忠日帝天皇，以生命中的剎那為永恆來愚弄百姓，日軍所倡導的神勇，在二戰的末期一切都如夢般，終歸還是戰敗投降。

圖中為日軍不敵美國的軍火武器，高舉雙手投降的畫面。

戰俘營中的日軍

1941年太平洋戰爭爆發後，日帝皇軍一時之間征戰東南亞，所向披靡，美軍、英軍、奧軍皆被擊潰，並向日帝投降，但在1942年中途島之役卻扭轉了盟軍的戰況，日帝的磅礡氣勢已不復存在，開始對台灣、朝鮮等殖民地徵兵。

圖中為日帝皇軍戰敗後成為階下囚，英姿不再的投降影像。

西伯利亞日軍戰俘遣送回國

日本帝國主義興起以來，到處征戰、殺人無數，1945年8月8日俄國向日帝宣戰後，扭轉了中國的滿洲戰場情勢，打敗日帝，關東軍到處流竄，大戰結束後，60萬關東軍成為俄國的戰爭俘虜，帶往俄羅斯各地進行戰爭勞改，最終死亡人數近6萬人，這也是日帝二次大戰結束之後，僅受到的一點懲罰，他們無辜的為日帝天皇以及戰爭的狂熱分子東條英機等犧牲，成為他們的代罪羔羊。

圖中為戰後在日俄兩國的協調下，同意部分舊日軍俘虜遣送回國，離開西伯利亞納霍德卡港口。

韓莊車站旁的戰爭墓園

1931年，日帝皇軍大舉進攻中國，除了殺害中國人之外，自己的死傷也很慘重，根據記載，軍民死亡人數達300萬左右，部分淪落在異鄉及占領地，在戰後日帝透過外交關係，才逐漸將這些骨灰接回國。

圖中為日帝士兵葬在韓莊車站旁的戰爭墓園。

天城航空母艦遭擊沉

日本帝國成立以來，明治天皇於1882年1月4日親自向陸海軍頒授《軍人敕諭》把過去武士對幕府將軍的效忠置換為軍人誓死效忠天皇。這是日帝邁向帝國主義、軍國主義、皇民主義重要的第一步，因此對外發動侵略戰爭、殖民他國，並建構了海陸大軍。

圖中為二次大戰結束後，美軍公布日帝天城航空母艦被擊垮，象徵日帝的瓦解。

戰勝與戰敗：麥克阿瑟與裕仁

日帝自開國以來，安逸在島嶼上，極少受到外來的騷擾與武力攻擊，在過去是秦始皇所想像的人間仙境，藏有長生不老之藥。日帝天皇自古以來以神鬼自居，採君權神授說，在明治維新後以神道主義倡導人民尊皇愛國，直到二次大戰戰敗。1945年8月15日，昭和向全國人民廣播提出接受「波茨坦宣言」，承認對外侵略戰爭失敗，一時之間神話論不攻而破。

圖中為1945年9月27日，一邊站著剛宣布投降的日帝裕仁穿著燕尾服，挺直腰桿表情嚴肅而拘謹，以戰敗國身份正式拜會盟軍最高領袖麥克阿瑟，而麥克阿瑟將軍，穿著軍服，手放腰後，臉無表情，巨大的身軀，比他身旁的裕仁整整高出了一個頭，此照片一公告，顯現「天皇是人，不是神」，打破天皇是神的假象。此人神相見的照片，在日本當時引起爭議而被禁止公開。

後記

回溯自己踏上歷史探索這條路，有五位影響我很深的人。記得國中時，有位親友，林醫師，因爲台獨案被抓到綠島研究所，一去十多年才返鄉，有次到他家拜訪時，看到他把報紙顚倒的拿著看，我好奇的問他爲何如此做？他說：「顚倒著看，才能看出眞相」；後來到日本讀書時，恩師赤澤英二說：「若要研究現代台灣美術教育，應從近代台灣殖民教育著手，藉由瞭解近代歷史，其延續性有助於瞭解現代史，而你所研究的問題便能迎刃而解」；之後拜訪戴國煇先生，他對我說：「若要做台灣研究，便要勇於切斷與日帝的臍帶，才能獨立思考，做一位知日派的人」；而我的恩師指導教授纐纈厚先生，在研究報告中告訴我：「史料要能看穿、看透，尤其戰前不利於日軍的檔案已銷毀、消失，留下的部份皆有利於日軍，因此更要用心研究」；回國後，認識了許介鱗教授，其「近代日本論」也深切的影響我的思路。這五位前輩的思想箴言，多年來一直深烙於心，並在歷史探索的路上引我前行。

有感於日本當權者對某些史實的隱蔽與不揭露，讓歷史眞相模糊不清，甚至本末倒置，於是對戰時受欺凌的弱勢者感到不平與同情。某日，在古書店尋得每日新聞社留下的戰前影像資料及其他日帝戰時的歷史照片，感受到影像中透露著多重意義，爲了探索發現更多隱藏的眞實，於是持續不斷到日本各地尋找蒐集日軍記錄下的戰爭影像史料。但因爲年代久遠，相關的影像史料與畫冊愈難尋獲，不是絕版就是散佚，蒐集的過程如同拼圖般，一塊塊的尋找、拼合。除了日本，也走訪西伯利亞、庫頁島、中國東北及韓國等地，尋找戰時當地台籍老兵的足跡以及日帝殖民下殘存的建築空間。在持續多年有計畫的搜尋後，這些影像史料得以逐年積累，於是決定將所收藏的影像史料，結合自身對事件的詮釋，重新編輯整理，集結成冊後，於近期陸續出版。本書將年代鎖定在一八九四—一九四五年日帝最瘋狂的侵略時期。

歷史事件有時因立場的不同而各有解讀，然而，瞬間凝結的影像，在無聲中傳遞著不言而喻的眞實，在軍令下，日軍所拍攝的戰爭影像及從軍畫家的作品，皆壓抑著源自心靈的作品所該有的眞誠與良知，令人遺憾！透過視覺感知影像，破解被扭曲事實的虛僞，讓以文字訴說的歷史透露眞實的慘痛過去，期望能提供讀者從不同角度，多元觀看本書的體驗。

在本書出版前，美國總統歐巴馬正好到日本訪問並於廣島二戰原爆受難者紀念碑致意，當下日本輿論期待歐巴馬能爲此道歉，換個角度想，日本平成天皇夫婦於二〇一五年也曾到菲律賓訪問，在二戰日本兵慰靈碑前致哀時也僅淡淡的說「一切都藏我心」，並未對二戰馬尼拉大屠殺時所殺害的十多萬菲律賓人的罪愆正式謝罪，更未曾向二戰時所侵略的東亞各國正式道歉。德國總理梅克爾在終戰七十年時也曾以德國對二戰反省的經驗呼籲日本「坦率面對二戰侵略歷史」。但願這些政客在計算推敲自己國家人民尊嚴的同時，也能想想那些因爲戰爭而沒有尊嚴死去的亡魂。此書的出版正好做爲對侵略行爲的提醒，歷史的傷痕永在，世人都沒有忘記，唯有以眞誠的同理心及歉意相待，才能撫慰所有因此受傷的靈魂。

本書圖片由於年代久遠及落墨紙材不同的影響，部份圖片爲了保有清晰度而留下的大小網紋，請讀者見諒。

楊孟哲

謹識於國立台北教育大學研究室

二〇一六年春

跋——《大侵略時代》的故事書

藤井志津枝——前政治大學日文系教授、現任台灣日本綜合研究所專任研究員當代台灣學界最爲鬼才稱呼者，非屬楊孟哲不可。楊教授對時代潮流變化，嗅覺特別敏感，且反映在學術研究之上。

「侵略」這一個辭，對當代年輕人來說，顯然是很陌生的時代；「大侵略」更是誤以爲電漫或電動玩具的戰爭系列的世界。楊孟哲勇敢的挑戰當代學界不敢開口大談的「侵略」時代的故事。一般學界拘限於象牙塔內的規範；學界因受期刊小論文評分數高的影響，造成學者不太願意出一本本的專書。然楊孟哲逆向炒作，竟然在當下大談「侵略」，翻轉炒冷飯，且敢挑戰「抗日」起家的蔣介石國民政府的歷史解釋權。因爲楊教授爲編撰《大侵略時代》乃欲重新在人民立場提出反「侵略」的和平史觀。據我所知，爲此著作楊教授籌備很久，調查足跡遍及整個東北亞。他的旅行是爲追求眞相的學術目的而進行「大田野調查」，因此一到達了陌生的異鄉，深深的呼吸當地的空氣，細微觀察人情風俗的古今，沉思人類歷史的來龍去脈，至漸漸的培養出感受不同時空的愛與恨。這些是楊教授爲學術工作所必要的養分，也就是說這是他的研究方法論與衆不同。

一般學術著作以文字敘述多，也必須有註解出處，但這一次楊教授打破過去學界慣例，使用大篇幅在歷史的老照片上，且對每一張照片詳加解釋，親切的爲讀者提供必要的協助。照片是抓住那個時空的一刹那間的景象，如日軍屠殺人民時空氣間凝聚肅殺的一瞬間的恐怖氣氛，因此已經隔了百年的老照片，還是讓人活生生的感受到毛骨悚然的殺氣；又如被殺害的中國人的頭顱幾個吊掛在一根棍子上的照片，更是對「大侵略時代」的「野蠻」行爲留下深刻的印象。楊教授藉以古老照片，給讀者提供自由想像思考「大侵略時代」的時空。

然而，讀者別誤以爲「大侵略時代」是過去祖父、曾祖父時代發生的不幸的故事，當今早已結束了日本軍國主義的時代，楊教授在二〇一六年爲警惕世人重編出版《大侵略時代》。正因爲二十一世紀的日本，仍舊不放棄「大侵略」的野心，至日本尚未完成的「大東亞共榮圈」＝「大日本共榮圈」的侵略幻想，像詛咒般的隨時復甦，危害世界的和平與安定。楊孟哲提供逆勢思考的世界觀，就是我們重新創立新和平世界所需的重要養分。好吧，讓我們一起閱讀吧。

圖次

第二章　侵略殖民——台灣

1　一八九四年甲午戰爭
38　日帝慶祝皇軍凱旋歸國
39　日軍於鹽寮觀察地形
40　日軍登陸台灣東北角
41　台灣民主國反抗日軍行動
42　日軍於基隆港作戰
43　日帝基隆臨時總督府
44　社寮島
45　日軍渡東港河口
46　日軍野砲戰隊攻擊曾文溪
47　黑旗兵戰死
48　混合支隊登陸基隆港停車場
49　基隆港左岸
50　獅球嶺兵營
51　基隆港稅關官舍
52　淡水滬尾砲台
53　淡水滬尾市景
54　淡水巡捕
55　淡水港
56　淡水河畔旁的大稻埕
57　總督府創立開廳
58　總督府庭園
59　台北城外日軍
60　新竹兵戰司令部

61 新竹停車場
62 松島艦新舊司令官交接
63 佐世保歡迎會
64 混合支隊運送船停泊佐世保港
65 攻台日艦於佐世保港出發前景像

2 皇民化

68 第一期台灣陸軍志願兵
69 日帝對台海軍志願兵徵兵海報
70 高雄海軍志願兵訓練營
71 海軍特別志願兵愛國海報
72 皇民化訓練營歡迎會
73 皇民煉成
74 台南州國民道場
75 皇民劇愛國劇場
76 孩童模擬身赴戰場
77 日帝警察練習所
78 日帝軍歌唱遊
79 吉野村
80 台灣教育大會神社參拜合影
81 元長公學校畢業典禮合影
82 華山與南門小學校棒球賽合影
83 日本相撲選手於南門國小合影
84 台灣人志願兵義勇隊
85 日帝高官來台巡視
86 女子國小畢業旅行神社參訪
87 女子學校台南飛機場參訪合影
88 台灣神社春季奉納相撲活動
89 日帝殖民官講述大和神道理論
90 徵兵制實施發表
91 皇民劇觀賞
92 台北台灣神社
93 戰前屏東航空基地
94 日帝金門島駐軍
95 井上幾太郎與在台陸軍將領合影

3 日帝理蕃政策與原住民抗日

97 監控下的原住民豐年祭
98 懲番文
99 川中島管理階層住所

100 賽德克族人接受日軍軍事訓練
101 原住民台中空軍基地參訪
102 日帝高官朝拜玉山上的日帝神社
103 高砂族青年之冷水修煉
104 青年訓練所的木製槍軍事訓練
105 台灣青年著日帝軍裝
106 原住民出征前的傳統相送儀式
17 原住民結婚時前往日帝神社參拜

第三章 烽火凌辱——中國

1 **滿洲國**
112 溥儀與日帝天皇共乘校閱部隊
113 溥儀參拜日本帝國
114 溥儀戰艦上遙拜日帝神武天皇
115 溥儀參拜東京明治神宮
115 溥儀參拜日帝靖國神社
117 溥儀參拜大正天皇墳墓
118 溥儀參拜日本神社
118 溥儀親訪湯島聖堂的孔廟
120 溥儀參拜武藤信義
121 神道用祭品
122 溥儀參拜桃山明治墳墓
123 溥儀參拜平安神宮
124 溥儀參拜嚴島神社
2 **慰安婦**
127 上海虹口區慰安所
128 上海楊家宅慰安所
129 日本藝妓
130 徵求慰安婦布條
131 大和民族慰安婦
132 慰安所規則
133 朝鮮慰安婦
134 性器官檢查台
135 慰安所裡的女人

136 日式食堂
137 日帝和服與中國長袍的對比
138 石家莊日軍慰安所
139 新進慰安婦宣傳廣告

第四章 占領統治——庫頁島、琉球、朝鮮、滿洲

1 庫頁島
144 日俄高級將領合影
145 庫頁島多蘭港的愛奴族村
146 庫頁島薩哈林漁港
147 北海道網走魚類生產加工廠
148 王子製紙株式會社工廠
149 三井礦業株式會社工廠
150 庫頁島的樺太法院
151 日軍庫頁島所立之國境標誌
152 日軍接收俄國槍砲武器
2 琉球
154 美軍登陸琉球本島
155 戰爭下的琉球母親與孩子
156 琉球墳墓中的孩童
157 戰火下的琉球人民
158 琉球愛國在鄉軍人會參拜神社
159 琉球婦女送夫充軍紀念合影
160 視學官視察學校
161 神風特攻隊第一位琉球勇士
162 樣板英雄大舛中尉表揚會
163 美軍巡視琉球與那國島
3 朝鮮
165 三一獨立運動
166 三一運動《獨立宣言書》
167 安重根受審
168 日帝徵兵宣傳
169 朝鮮獨立門

170 教育敕語起草人等
171 北海道的朝鮮勞工
172 日帝嘉仁親王出訪朝鮮
173 日軍入侵朝鮮國都首爾皇宮
174 日軍對朝鮮情報員行刑
175 朝鮮人被強制於北海道勞動
176 反日通緝犯公告
177 朝鮮抗日者首級

第五章　太平洋戰爭的野望

1 日軍不允許的祕密照片
189 新聞照檢查印鑑
190 日軍以刺刀威逼中國士兵
191 殺害日人的中國嫌犯
192 遭日軍逮捕的緬甸獨立義勇軍
193 日軍屠殺中國士兵
194 戰死的中國士兵與日軍戰車

4 滿洲
179 日軍進入齊齊哈爾城
180 日軍追悼亡魂
181 日軍古北口入城
182 奉天忠魂碑
183 日帝軍頭石原莞爾
184 滿洲國建國大合影
185 上海百姓抵抗日軍搜索
186 國都建設局大樓

195 輕浮日軍逮捕中國從軍護士
196 滿洲國張景惠巡視戰場
197 日軍於廣州逮捕中國正規部隊
198 日軍接收英美上海租借地
199 日軍於新加坡盤查英國人
200 日帝憲兵隊審問中國士兵
201 日帝於海南島逮捕中國抗日軍

2 太平洋戰爭
203 女子挺身隊在鐵道從事苦力
204 日帝女學生帶槍穿軍服遊街
205 日帝女性持竹槍接受訓練
206 札幌市迎接戰死者骨灰
207 小飛行兵回母校做愛國宣傳
208 日帝於索羅門群島夜襲美軍基地
209 東京小學童於松井田車站
210 日軍空襲香港
211 日軍利用大象運輸補給品
212 金屬獻納
213 日帝小學生接受劍道訓練
214 日帝小學生聆聽愛國教育
215 阿圖島陣亡日軍
216 日軍戰鬥機殘骸
217 東條英機內閣合影
218 美軍登陸硫磺島
219 日帝女學生歡送航空隊
220 日帝爲學生兵舉行出陣式
3 學生兵
223 大阪女校接受軍事訓練
224 台灣朝鮮陸軍特別志願學生兵出征行大會
225 愛國教育校閱式
225 日本大學校舍前的政治標語
227 學生兵出征前於國旗上簽名
228 神風特攻隊最後一餐
229 女學生歡送神風特攻隊
230 婦女爲日軍送行
231 全國學生出征表彰大會
232 東條英機行閱兵禮
233 日帝女學生爲日軍送行

第六章 日帝興衰影與畫

1 明治、大正、昭和功過
238 侵略思想者的先驅
239 明治大帝於青山練兵場校閱將士
240 日帝將領合影
241 大山巖進瀋陽城
242 日俄戰爭後陸海軍司令官合影
243 日俄戰爭後日俄將官合影
244 日帝皇居
245 戰爭債券
246 聯隊旗
2 明治、大正、昭和戰記
248 明治、大正、昭和皇宮圖
249 昭和天皇就任大典
250 關東大地震
251 米的騷動
252 大日本帝國憲法頒布
253 日帝統治下的朝鮮生活
254 日軍侵略戰爭凱旋歸國
255 箱館戰役
256 日帝官員征韓侵略戰辯論
257 日軍侵台之役牡丹社事件
258 明治大帝主持戰前會議
259 甲午戰爭日帝砲擊平壤城
260 旅順大屠殺
261 台灣黑騎兵與日軍竹林中作戰
262 義和團之亂
263 日軍二〇三高地激戰
264 日俄戰爭海戰
265 日德戰爭
266 九一八事變
267 一二八事變
268 蘇州空戰

第七章 日帝軍國主義美展

1 大東亞美術展

271 御廚純一《東方部隊襲擊新幾內亞海》大東亞戰美術展一九四二年

272 藤田嗣治《十二月八日珍珠港》大東亞戰美術展一九四二年

273 寺內萬治郎《遙望馬尼拉》大東亞戰美術展一九四二年

274 向井潤吉《四月九日記錄—巴丹半島總攻擊》大東亞戰美術展一九四二年

275 等等力巳吉《防空婦人圖》大東亞戰美術展一九四二年

276 小磯良平《皇太后蒞臨陸軍醫院》大東亞戰美術展一九四三年

277 中村研一《珊瑚海海戰》大東亞戰美術展一九四三年

278 宮本三郎《大元帥昭和主持作戰大本營會議》大東亞戰美術展一九四三年

279 海軍報道班山口華楊《出征前基地準備作業》大東亞戰美術展一九四三年

2 海軍愛國美術展

280 川村清雄《黃海海戰》海軍美術展一九四二年

281 藤田嗣治《南昌飛機場》海軍美術展一九四二年

282 熊岡美彥《珠江口掃雷》海軍美術展一九四二年

283 古城江觀《上海遺跡鐵道管理局》海軍美術展一九四二年

284 石川重信《昆明爆擊》海軍美術展一九四二年

285 古城江觀《海南島海口攻略》海軍美術展一九四二年

3 皇國戰爭壁畫

286 箱館海戰

287 日帝占領大沽砲台
288 日帝海軍在馬爾他
289 上海事變
290 滿洲國戰艦巡航
291 蘇州空戰
4 陸軍聖戰美術展
292 中川爲廷《尚武》聖戰美術展 一九三九年
293 小磯良平《南京中華門戰鬥》聖戰美術展一九三九年
294 南政善《無錫追擊戰》聖戰美術展 一九三九年
295 福田眉仙《蘆溝曉色》聖戰美術展 一九三九年
296 阿部七郎《學童與戰爭》聖戰美術展 一九三九年
5 愛國戰爭繪畫
297 關口清《食物與和平》
298 台灣運輸船艦
299 久保克彥《太平洋戰爭》
300 林玉山《獻馬圖》
301 鹽月桃甫《日帝空襲南京》

第八章 戰敗歸鄉

306 橫濱大空襲
307 東京大空襲
308 阪神大空襲
309 罹難家屬協尋互助會
310 揹著骨灰罈的孩童
311 戰敗歸鄉
312 擦澡婦女
313 日軍舉手投降

314 戰俘營中的日軍

315 西伯利亞日軍戰俘遣送回國

316 韓莊車站旁的戰爭墓園

317 天城航空母艦遭擊沈

318 戰勝與戰敗：麥克阿瑟與裕仁

圖片來源

一億人的昭和史別冊．日本殖民地史——台灣，每日新聞社，一九七八年。
一億人的昭和史系列，每日新聞社，高橋勝視，一九七七年。
大東亞戰爭海軍美術，大日本海洋美術協會，昭和十七年。
大東亞戰美術——第二輯，朝日新聞社，昭和二十年。
大東亞戰美術，朝日新聞社，昭和十八年。
千尋的海軍神——伊舍堂，又吉康助，又吉康助，平成八年。
日本的戰歷，每日新聞社，昭和四十二年。
日帝殖民下台灣近代美術之發展，五南出版社，楊孟哲，二〇一三年。
日清戰鬥畫報，大倉書店，久保田米仟，明治二十七年。
太陽旗下的美術課，南天出版社，楊孟哲，二〇一一年。
台灣歷史影像，藝術家，楊孟哲，一九九六年。
征台軍凱旋紀念帖，遠藤誠，遠藤誠，明治二十八年。
明治27-28戰後寫眞帖，龜井茲明，明治三十年。
東京裁判——寫眞秘錄，講談社，一九八三年。
南方據點．台灣寫眞報導，朝日新聞社，一九四四年。
凱旋紀念帖，陸海軍軍士官素養會，明治二十七—二十八年。

聖戰美術，陸軍美術協會，昭和十四年。

與那國町史別卷Ⅰ紀錄寫眞集，與那國町役場，平成九年。

滿洲國皇帝御來訪寫眞大觀，郁文舍，昭和十年。

寫眞五拾年史，國民時報社，大正四年。

韓日合併史1875-1945，Noonbi，辛基秀，2009年。

Japanese Ruling Era of Korea 1910-1945, Noobit, Park Do, 2010.

附 錄

日帝侵略戰爭記事年表

一八六八年

・一月一日 日本陸軍成立。

・一月三日 戊辰戰爭（北海道獨立戰爭失敗）。

一八六九年

・一月一日 日本海軍成立。

・八月十五日 日本占領蝦夷地（改稱北海道）。

一八七〇年

・一月一日 皇軍正式成立。

一八七一年

・九月十三日　《中日通商章程》在天津簽訂。

・十一月六日（農曆）　琉球國民漂流至八瑤灣，步入高士佛部落。

一八七二年

・九月四日　日本新學制發布。

・十月十六日　日本設置琉球藩。

・十一月廿八日　日本公布徵兵令。

一八七三年

・七月一日　樺山資紀由福州抵達淡水，在台從事調查及情報蒐集工作。

・十月廿五日　征韓論失敗，西鄉隆盛參議辭職。

一八七四年

・五月廿二日　日軍侵略台灣，攻擊牡丹社（石門之役）。

・五月廿二日　排灣族原住民英雄阿魯克光榮戰死。

一八七五年

・七月廿四日　日本強迫琉球國王停止向清朝朝貢。

・九月廿日　江華島事件，干預朝鮮內政。

一八七六年

・二月廿六日　日本與朝鮮王朝於江華島簽訂《江華條約》。

・三月廿八日　廢除武士刀令。

一八七九年

・三月十一日　日本併吞琉球王國。

・八月卅一日　日皇大正誕生。沖繩縣設置。

一八八二年

・一月四日　日皇頒布軍人敕諭。

・八月卅日　日本與朝鮮於濟物浦（仁川）簽訂《濟物浦條約》。

一八八五年

・三月十六日　福澤諭吉提倡脫亞論。

・四月十八日　天津條約，對清朝不平等條約。

・十二月廿二日　日本頒布內閣制。

一八八九年

・二月十一日　大日本帝國憲法頒布。

一八九〇年

・十月卅日　日皇明治頒布《教育敕語》。

・十一月廿九日　大日本帝國憲法施行。第一次日本帝國議會開會。

一八九四年

・一月十一日　朝鮮東學黨之亂。

・七月廿五日　日清戰爭開始（一八九四～一八九五年）。

・八月一日　日帝向中國宣戰，甲午戰爭爆發。

一八九五年

・二月十四日　威海衛之戰，清朝戰敗。

・三月廿四日　日軍混合旅占領澎湖群島。

・四月十七日　中日簽署馬關條約。承認朝鮮獨立。割讓遼東半島、台灣、澎湖列島。

・五月十日　日帝派樺山資紀擔任台灣總督。

・五月廿五日　台灣民眾擁巡撫唐景崧為總統，宣布台灣民主國獨立。

・五月廿九日　日軍登陸台灣北部。

・六月七日　日軍占領台北。唐景崧逃往大陸。

・六月十七日　台灣總督府舉行始政式。

・八月六日　日帝陸軍部核定台灣總督府條例，實施軍政。

・十月十七日　日帝近衛師團長北白川能久，在嘉義受義勇軍攻擊受重傷隔日傷亡。

・十月十九日　台灣民主國南部防衛負責人劉永福逃往廈門。日軍占領台南。

一八九六年

・一月廿九日　日帝政府宣布平定台灣。

・三月卅一日　公布在台灣施行法令之有關法律。

・三月卅一日　公布拓殖務省官制。

・三月卅一日　公布台灣及內務省所管轄之北海道有關政務管理。

・三月卅一日　撤銷台灣軍政。

・三月一日　大阪商船會社於大阪——台灣間航線營業開始。

・五月十八日　劉德杓在台東舉兵抗日。

・六月三日　日軍中將桂太郎就任台灣總督。

・六月十四日　雲林林義、柯鐵舉兵抗日。

・八月六日　總督府經憲兵隊、警察，告示戶口編制。

・八月十六日　總督府制定台灣地租規則。

・九月一日　陸軍部下令日本郵船開闢神戶——基隆航線。

・十月一日　總督府制定犯罪即決例，賦予警察署長及憲兵隊長執行拘留等輕犯之即決權。

・十月十四日　陸軍中將乃木希典就任總督。

一八九七年

·四月一日 公布台灣銀行法。

·六月廿八日 新高山命名。

·十月廿一日 總督府公布官制，規定台灣總督任用資格限於陸軍大將或中將。

·十月廿三日 日帝政府公布「極付印」一圓銀幣（表面刻有銀字樣）在台灣作為公納及政府支付等用途。

·十二月十六日 台灣高等法院院長高野孟矩免職，告發收賄事的乃木總督反抗。

一八九八年

·一月廿六日 日帝中將兒玉源太郎就任總督。

·八月卅一日 總督府制定保甲條例（將人民以保甲組織，課以連坐法，以利彈壓抗日活動）。

·九月二日 土地調查局開辦，總督府制定台灣地籍規則，台灣土地調查規則。

·十月八日 籌備中的台灣鐵道會社，因募款困難向總督府申請延期登記，決定台灣貫鐵路由官方經營之方針。

·十一月五日 總督府制定匪徒刑罰令，規定首魁、教唆、參與謀議者，及指揮者處死刑。

一八九九年

·三月廿二日 公布台灣事業公債法。

·三月卅一日 總督府公布師範學校官制。

・四月廿六日　總督府制定台灣食鹽專賣規則。

・六月廿二日　總督府公布台灣樟腦專賣規則。

・九月廿六日　台灣銀行設立。

一九〇〇年

・六月廿日　義和團包圍北京使館區外交使節。

・七月一日　台北及台南兩地設置公共電話。

・七月十七日　台灣神社列入官幣大社。

・十二月十日　台灣製糖會社設立。

一九〇一年

・十月廿六日　公布臨時台灣舊慣調查會規則。

・十月廿七日　舉行台灣神社鎮社式。

一九〇二年

・一月卅日　日英同盟協約簽署。

・三月十二日　宣布應在台灣施行之法令，法律第六十三號期限延期至一九〇五年三月底。

・六月十四日　總督府制定台灣糖業獎勵規則。

・七月四日　賽夏族發生南莊事件。

一九〇四年

・一月十二日　總督府制定罰金及笞刑處分例。

・二月八日　日俄戰爭開始（一九〇四～一九〇五年）。

・二月十日　日帝向俄國宣戰，日俄戰爭開始。

・七月一日　台灣銀行發行兌換黃金之紙幣。

一九〇五年

・五月十二日　台灣全省實施戒嚴令。

・五月廿五日　俄海軍波羅艦隊通過台灣東部海面。

・九月五日　日俄講和條約簽署。

一九〇六年

・三月十七日　台灣嘉義地方發生大地震，死者一一一〇餘人，房屋全倒四二〇〇餘戶。

・四月十四日　警察本署設蕃課。

・九月三日　台灣總督府公布在關東都督府置顧問，都督府係依據內務大臣之奏請。

一九〇七年

・十月一日　台灣鐵路鳳山線開通。

・十一月十四日　抗日發生新竹北埔的事件。

一九〇八年

- 四月廿日　縱貫線三義川、葫蘆墩間開通，基隆—高雄間鐵路全線開通。
- 十月一日　總督府制定台灣違警例。
- 十二月一日　阿美族抗日，七腳川事件。

一九〇九年

- 三月　日帝首次民營移民村，占據七腳川阿美族部落，改名吉野村。次年在吉野村設立移民指導所。一九一八年殖民政府台灣總督府舉辦官辦移民村。一九三二年日帝經濟不振，台灣總督府鼓吹移民台灣嘉南平原開發，捨去花東移民村。
- 三月廿五日　台北市自來水給水開始。
- 三月廿七日　總督府制定高等女學校官制。
- 七月十一日　台北下水道工程完成。
- 十月廿六日　伊藤博文被朝鮮英雄安重根暗殺。

一九一〇年

- 六月廿二日　公布拓職局官制。該局直隸內閣總理大臣，統理台灣、庫頁島、朝鮮及除外交事務以外之關東州事項。
- 八月廿二日　日韓合併。
- 八月廿二日　日帝併吞韓國，日韓條例簽署。

・八月廿九日　設立朝鮮總督府。
・十月三日　帝國製糖會社成立。
・十月六日　台灣製糖等五會社成立台灣糖業聯合會，後變更為日本糖業聯合會。

一九一一年

・四月一日　日帝公布貨幣法在台灣及庫頁島實行。
・八月廿六日　暴風襲擊台灣南部，房屋全倒二四〇餘戶。

一九一二年

・二月廿五日　總督府禁止中國人及台灣民衆團體結社。
・七月卅日　日皇明治亡。
・八月廿八日　暴風雨襲台灣，台北等三市鎮全倒房屋達一一〇〇餘戶。
・十月一日　開闢南洋航線。

一九一三年

・二月廿六日　台北郵局失火燒毀。
・四月十日　公布傷寒防治規則。
・八月十二日　阿里山檜木運往東京試銷。
・十二月四日　羅福星等人在新竹計畫起義抗日失敗，羅等十二人判死刑。

一九一四年

・四月十八日　總督府定「番人公學校規則」，做為山地初等教育機關之單行法。

・五月卅一日　太魯閣族抗日事件「太魯閣征伐軍事行動」日帝動用二〇七四八名軍警與太魯閣族作戰共七十四天。

・七月廿八日　參戰第一次世界大戰。

・八月廿三日　日帝向德國宣戰。

・十一月一日　日帝銀行在台銀存入資金做為南方外匯資金。

一九一五年

・二月二日　日帝向中國提出的不平等條約，對華二十一條要求。

・二月三日　總督府在台灣設置公立中學校，為最早之公立男子中等教育機關。

・二月廿二日　布農族抗日大分事件，大分社頭目拉荷阿雷和阿里曼西肯兄弟，抗日長達十八年，於一九三三年四月初結束。

・六月廿五日　台灣總督府新建工程上樑典禮。

・七月六日　台南礁吧哖民衆起義抗日，參加者約二五〇〇人。台灣人余清芳、羅俊、江定三人以台南西來庵為根據地，共同密謀建「大明慈悲國」。

一九一六年

・四月十六日　西來庵事件失敗後繼續游擊抗日，日帝勸誘下投降，卻被台灣總督府集體處決。

- 六月六日　中華民國總統袁世凱病逝北京。
- 十一月七日　各學校奉藏天皇照片舉行典禮。
- 十一月廿日　台灣銀行開始信託存款業務。

一九一七年

- 一月五日　台灣中部大地震，死者五十人，房屋全倒一〇〇〇餘戶。
- 一月廿日　日帝興業銀行締結對台灣銀行、朝鮮銀行及交通銀行提供二〇〇〇萬圓貸款之契約。
- 十二月十八日　公布台灣新聞紙令。

一九一八年

- 六月六日　陸軍中將明石元二郎就任總督。
- 七月卅一日　日帝米價格波動，造成民生恐慌。
- 八月二日　日帝出兵西伯利亞，干預俄國革命（一九一八～一九二二年）。
- 十月一日　台灣中央山脈橫貫公路開通。
- 十一月五日　流行性感冒蔓延，台北市內各學校停課五日。

一九一九年

- 一月四日　公布台灣教育令，將專供台灣民衆子弟之教育機關系統化。
- 三月十一日　三一一抗日事件（朝鮮獨立運動）。

・五月四日　中國五四新文化運動。

・七月卅一日　台灣電力會社設立。

・十月廿九日　任命田健治郎為台灣第一位文官總督，同化政策，內地的延長。

一九二〇年

・一月十日　日帝加入國際聯盟。

・一月十一日　留居東京之台灣留學生成立新民會。

・六月十六日　台北公營當舖開始營業。

・八月一日　公布台灣所得稅令。

・九月廿一日　日帝首任民間首相原敬內閣成立。

・十二月廿六日　日帝第四十二回帝國會議，通過建嘉南大圳，總經費四二〇〇萬，補助一二〇〇萬，不足部份由民間支付。

一九二一年

・一月卅一日　以新民會為中心，提出設置由台灣民衆公選之台灣議會請願。

・四月九日　文部省（教育部）宣布，朝鮮、台灣、庫頁島及關東州之中學，高女校專門學校等入學檢定考試，與日本帝國內所行者具相同效力。

・十月十七日　台灣文化協會成立。林獻堂任總理。

・十二月十一日　公布台灣正米市場規則。

一九二二年

・二月六日　修訂公布台灣教育令。與日本人共學為基本，除普通學校、公學校以外之所有的日帝國内各學校另準據。

・四月廿三日　台北高等學校（官立）首次入學典禮。為台灣第一所高等教育機關。

・五月五日　公布酒類專賣令。

・十一月三日　台灣產業組合設立。

一九二三年

・四月十六日　攝政皇太子裕仁視察台灣。

・九月一日　日帝關東大震災。

・九月六日　内田嘉吉就任台灣總督。

・九月六日　總督府設置東部地方震災救助事務部。

・十二月十六日　取締台灣議會設置請願運動「治警事件」。

一九二四年

・四月廿四日　日帝批准台灣米市場開放。

・九月一日　伊尺多喜男就任台灣總督。

一九二五年

- 四月廿二日　公布治安維持法，五月八日公布治安維持法在朝鮮、台灣，及庫頁島施行。
- 六月十七日　最新第三十回始政紀念典禮，在台北舉辦紀念展覽會。
- 九月十七日　大藏省（財政部）下令朝鮮銀行及台灣銀行降低資金貸款利率。

一九二六年

- 一月十二日　公布收音機收聽規程，規定收音機登記費為一圓。
- 三月廿七日　台灣東部鐵路開通。
- 七月十六日　上山滿之進就任總督。
- 十二月廿五日　日皇大正亡。

一九二七年

- 一月三日　台灣文化協會會員大會。七月十日林獻堂等人另成立台灣民眾黨。
- 三月廿二日　日帝金融經濟危機陷入嚴重恐慌。
- 三月廿六日　台灣銀行通告〈鈴木商店日本的財閥，貿易公司〉停止新貸款。
- 四月十三日　內閣會議決定發布緊急令，由日本銀行緊急貸款援助台銀危機，十七日遭樞密院否決，若槻內閣總辭職。
- 四月十八日　台灣銀行除本行及台灣境內之各行外，所有在外分行全部暫停營業。
- 五月九日　公布有關對台灣金融機關資金融通的法律。台銀分行恢復營業。

‧五月廿八日　日帝第一次出兵中國山東。
‧七月十九日　內閣會議，決定台灣銀行之整理案。

一九二八年

‧二月十九日　台灣工友總聯盟成立。
‧三月十七日　設立台北帝國大學。
‧六月四日　張作霖爆死事件。
‧十月六日　共產黨書記長渡邊政之輔，在基隆被警方追捕中自殺。

一九二九年

‧四月十六日　四一六事件，逮捕日帝共產黨建黨員。
‧七月二日　張作霖殺害事件，主謀田中義一下台。
‧八月一日　中共領導組織在上海成立反日帝大同盟。

一九三〇年

‧四月十日　嘉南大圳完工。
‧十月廿七日　霧社起義抗日事件，日軍政府出動軍隊鎮壓，（並用毒瓦斯殺害原住民）。

一九三一年

‧一月十六日　台灣總督石塚英藏因霧社事件引咎辭職。

・二月十八日　總督府對台灣民衆黨下解散命令。

・四月一日　總督府在高雄設置台灣海洋觀測所，成為熱帶海洋研究所之先驅。

・七月二日　萬寶山事件後，日帝在朝鮮迫害華僑。

・十一月十九日　滿洲事變（九一八事變）東北三省被占領。

一九三二年

・一月廿八日　一二八事變日帝攻占上海（上海事變）。

・三月一日　滿洲國建國宣言（一九三二～一九四五年）。

・五月十五日　五一五事件，日帝護憲政變失敗。

一九三三年

・一月三日　日軍攻入中國山海關。

・三月廿七日　日帝脫離國際聯盟。

・五月卅一日　中國與日帝簽訂《塘沽協定》。

・五月　布農族抗日大分事件和解結束。

一九三四年

・一月一日　中華民國國民政府對中華共和國人民革命的福建政府開戰。

・一月五日　蘇聯從霍爾果斯入侵新疆。

・三月一日　滿洲皇帝溥儀即位，年號康德。

一九三五年

・四月一日　台灣自治律令公布。

・四月六日　滿洲國皇帝康德帝訪問日帝。

・四月廿一日　台灣中部發生大地震。

・十月十日　日帝台灣始政四十周年紀念舉辦台灣博覽會。

・十一月廿二日　台灣首次地方自治選舉，選舉市會議員及街莊協議會員。

一九三六年

・六月三日　台灣拓殖株式會社法公布，十一月廿五日設立。

・十一月廿五日　日帝與德國共同防衛協定。

・十二月十二日　西安事變。

一九三七年

・四月一日　台灣總督府禁止新聞的漢文欄。

・七月七日　盧溝橋事件，中國開始全面抗戰。

・七月十五日　台灣地方自治聯盟解散令，嚴禁公開的政治結社。

・八月十三日　招募台灣人軍伕，第一批台籍兵參加了上海的淞滬會戰。八月十四日中日首次空戰。

・十二月十三日　南京大屠殺。

一九三八年

・四月二日　朝鮮總督府在當地實施「朝鮮特別志願兵制度」。

・四月一日　日帝政府發布國家動員法。

・五月五日　日帝實施國家總動員法—朝鮮、台灣、樺太（敕令316號）。

・十二月廿三日　內閣會議決定新南群島編入領土，十二月廿八日設置於台灣總督府之管轄下。

一九三九年

・五月十二日　Nomonhan哈拉哈河戰役，蘇日雙方分別代表滿洲國及蒙古國交戰，日帝被擊敗。

・七月十五日　日帝實施國民徵兵令。

・十月十七日　蔣介石在四川成都發表告全國軍民同胞書，重申抗日戰到底。

一九四〇年

・四月十九日　皇民化運動。

・五月一日　中國抗日戰爭，棗宜會戰。

・七月廿六日　日帝提大東亞共榮圈構想。

・九月廿三日　日軍占領法屬地印度支那。

・九月廿七日　日、德、義三國同盟簽署。

・十二月二日　總督府設立天然瓦斯研究所，係殖產局附屬研究所升格。

一九四一年

・二月九日　台灣革命同盟會在重慶成立。

・三月廿六日　公布台灣教育令。廢止小學校、公學校，一律改為國民學校。

・四月九日　台灣皇民化奉公令頒布。

・四月十三日　日蘇兩國簽署《日蘇互不侵犯條約》。

・八月一日　中華民國空軍成立「飛虎隊」。

・十月十八日　東條英機任第四十任內閣首相。

・十二月八日　日帝陸軍從泰國進攻馬來半島。

・十二月八日　太平洋戰爭，日帝向英美宣戰。

・十二月九日　中華民國政府正式對日本帝國宣戰。

・十二月廿五日　日帝陸軍占領香港。

一九四二年

・一月十六日　總督府情報部發布《陸軍志願兵訓練所生徒募集綱要》。

・四月九日　日軍占領馬尼拉、日軍占領新加坡、巴丹島死亡行軍。

・四月十八日　美國杜立德轟炸機隊首次成功空襲東京。

・五月八日　珊瑚海海戰日帝失利。

・六月五日　中途島日帝海軍戰敗。

・八月十八日　瓜達爾卡納爾島日帝海空戰戰敗。

一九四三年

・四月十八日　日帝聯合艦隊元帥山本五十六被美軍P-38閃電戰鬥機擊落死亡。

・九月廿三日　台灣軍司令部、高雄警備府與台灣總督府共同發表聲明，將自一九四五年起正式在台施行徵兵制度。

・九月廿三日　台灣軍司令部台灣招募原住民「高砂特別志願兵」。

・十月一日　東條內閣發布在學徵集延期臨時特例。

・十月廿一日　台北舉行學生兵「出陣學徒壯行會」。

・十一月　大西瀧治郎發想自殺機攻擊法。

・十一月五日　日帝大東亞會議。

・十一月廿五日　盟軍開始空襲台灣。

・十二月一日　中、美、英三盟國在開羅會議發表對日作戰宣言。

一九四四年

・四月一日　沖繩島戰役開始。

・六月十五日　美國攻占塞班島，日帝退敗。

・九月一日　日帝政府對台灣人開始實施徵兵制。

・十月十二日　台灣空戰，日帝假報戰情大贏美國。

・十月廿五日　自殺機神風特攻隊首次出擊。

・十二月卅一日　菲律賓雷伊泰島海空戰役，日帝大敗。

一九四五年

・二月四日　雅爾達密約，羅斯福、丘吉爾、史達林。

・三月九日　東京遭受美國空襲。

・八月六日　美軍在廣島投擲原子彈。

・八月八日　俄羅斯向日帝宣戰。

・八月十五日　日帝接受《波茨坦宣言》，無條件投降。

・十月廿五日　國民政府接收台灣。

一九四六年

・一月一日　下詔否定天皇神格化人間宣言。

・五月三日　展開東京國際軍事裁判。

參考書目

一億人的昭和史系列，每日新聞社，高橋勝視，一九七六年。
大東亞戰爭海軍美術，大日本海軍美術協會，一九四二年。
日本地理大系10北海道・樺太篇，改造社，山本三生，昭和五年。
日本地理大系12朝鮮篇，改造社，山本三生，昭和五年。
日本地理風俗大系15，台灣篇，新光社，早坂一郎，昭和六年。
日本政治論，聯經出版社，許介鱗，民國六十六年。
日本帝國主義的形成，華世出版社，井上清，一九八六年。
日本歷史—《日清・日露》，小學館，宇野俊一，一九七六年。
日本歷史—《天下一統》，小學館，林屋辰三郎，一九七六年。
日本歷史—《太平洋戰爭》，小學館，林茂，一九七六年。
日本歷史—《古代國家的成立》，小學館，直木孝次郎，一九七六年。
日本歷史—《明治維新》，小學館，田中彰，一九七六年。
日本歷史—蒙古襲來，小學館，黑田俊雄，一九七六年。

日帝殖民下台灣近代美術之發展，五南出版社，楊孟哲，二〇一三年。
元朝與高麗關係研究，蘭州大學出版社，烏雲高娃，二〇一二年。
太陽旗下的美術課，南天出版社，楊孟哲，二〇一一年。
台灣史小事典，遠流出版社，遠流台灣館，二〇〇〇年。
台灣歷史影像，藝術家，楊孟哲，一九九六年。
成吉思汗與蒙古大帝國：元朝的統治，牛頓出版公司，貝塚ひろし，民國七十七年。
我們的戰爭責任，人間出版社，纐纈厚，二〇一〇年。
《何謂中日戰爭？》，人間出版社，纐纈厚，二〇一〇年。
近代日本論，故鄉出版社，許介鱗，一九八七年。
明治大正昭和大繪卷，秀英舍，昭和六年。
明朝的皇帝，台灣學生書局，高陽，一九七三年。
帝國落日：大日本帝國的衰亡，一九三六至一九四五（上、下），八旗出版社，約翰·托蘭，
二〇一五年。
征台軍凱旋紀念帖，遠藤誠，遠藤誠，明治二十九年。
南方據點·台灣寫眞報導，朝日新聞社，昭和十九年。
海軍館大壁畫史，小樽新聞社，昭和十五年。
第二次世界大戰畫史，聯合畫報社，舒宗僑，一九四六年。
清朝的皇帝，風雲時代，高陽，二〇一〇年。

《領土問題和歷史認知》，秋水堂文化事業，纐纈厚，二〇一四年。

滿洲國皇帝御來訪寫眞大觀，郁文舍，昭和十年。

認識台灣歷史6．清朝時代（下）：戰爭陰影下的建設，新自然主義，吳密察，二〇〇五年。

鴉片戰爭（上、中、下）五南出版社，陳舜臣，二〇一五年。

寫眞五拾年史，國民時報社，大正四年。

韓日合併史1875-1945，Noonbit，辛基秀，二〇〇九年。

讀日本史年表，自由國民社，橫井秀明，二〇〇三年。

Japanese Ruling Era of Korea 1910-1945, Noobit, Park Do, 2010.

電子資料：維基百科

週報附錄　大東亞共榮圈及び太平洋要圖　情報局

（週報第二百三十八號附錄）昭和十一年十月一日第三種郵便物認可
昭和十六年四月三十日印刷發行

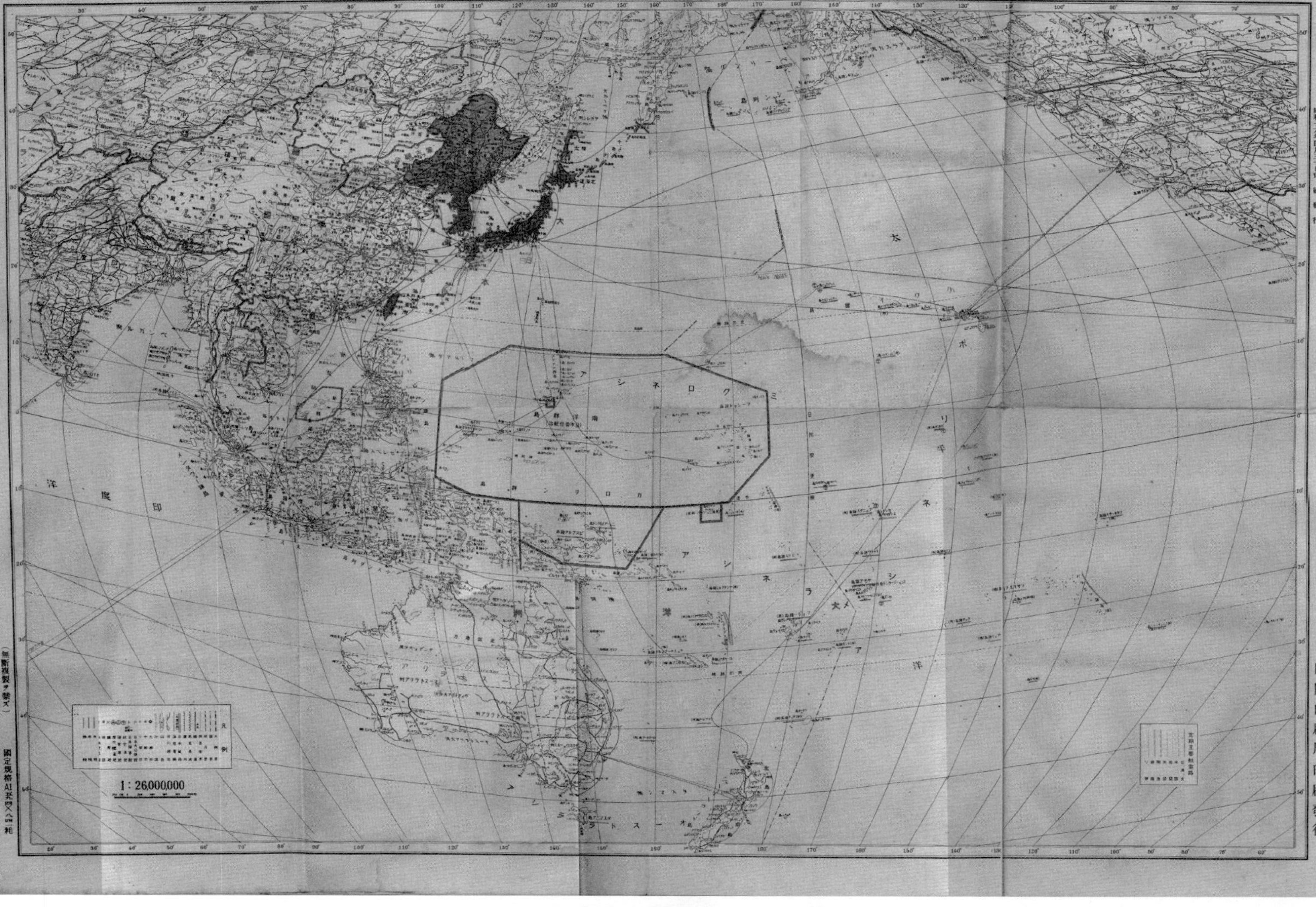

內閣印刷局印刷發行

1941年大東亞共榮圈及太平洋要圖

國家圖書館出版品預行編目資料

大侵略時代─日帝太陽旗下脫亞之役1894-1945年／楊孟哲著. ─ 初版. ─ 臺北市：五南，2016.07
面；　公分.
ISBN 978-957-11-8471-5（平裝）

1.戰史　2.中日關係

592.931　　104029013

8V26

大侵略時代─日帝太陽旗下脫亞之役1894-1945年

作　者─ 楊孟哲
發 行 人─ 楊榮川
總 編 輯─ 王翠華
副 總 編─ 蘇美嬌
責任編輯─ 邱紫綾
封面設計─ 楊孟哲、陳毓菁
出 版 者─ 五南圖書出版股份有限公司
地　址：106台北市大安區和平東路二段339號4樓
電　話：(02)2705-5066　傳　真：(02)2706-6100
網　址：http://www.wunan.com.tw
電子郵件：wunan@wunan.com.tw
劃撥帳號：01068953
戶　名：五南圖書出版股份有限公司
法律顧問　林勝安律師事務所　林勝安律師

出版日期　2016年7月初版一刷
定　價　新臺幣450元

台灣書房

台灣書房